ライフサイエンス選書

# どう読む？新聞の統計数字

折笠秀樹・奈緒美 著

ライフサイエンス出版

本書中の新聞記事は、読売新聞東京本社の許諾を得て転載しています。
転載にあたっては、新聞紙面の体裁を保持するよう心がけましたが、
レイアウトの都合上、一部は整形して使用いたしました。

# はじめに

新聞は多くの人が毎日目にするものであり、最も気軽な教材ではないでしょうか。この新聞を用いて国語力を身につけるといった試みは昔から行われてきましたが、新聞を利用して統計学を学ぶというのは聞いたことがないかもしれません。もちろん、ここで言っている統計学とは数式を用いた数理統計学のことではなく、統計的な考え方を身につけることに主眼があります。

著者の一人は1996年に、「ニュースの統計数字を正しく読む」(バイオスタット社)という訳本を出版しました。2002年からは現在の富山大学で、「統計数字の読み方」という教養の授業を始め、統計学の導入として、新聞記事を利用することの素晴らしさを実感してきたわけです。そして今回、新聞記事の実例に基づく本書を出版することができ、うれしく思っています。

本書では、まず基礎知識として、読み方のポイントについての17個のトピックを解説します。その後、3つの研究デザイン(横断研究、縦断研究、実験研究)について新聞記事を20個ずつ選び、それを読むときのポイントを具体的に説明します。もちろん、ここで説明したポイント以外にも、「こういった観点が必要」といったご指摘もあろうかと思います。ぜひ、皆さんでいろいろと討論していただければ幸いです。

最後に、著者らを長きにわたって支えてくれた両親に、この著書を捧げたいと思います。

折笠秀樹・奈緒美

# 目　次

◆第3部◆ 実験研究を読む

# 第１章　基礎編

## 読み方のポイント

本書では医療に関する新聞記事を読みながら、統計学を学習してもらうよう工夫されています。実践編に移る前に、まずは基本的な読み方のポイントを学習しておきましょう。

統計学の基礎的なこととして知っておくとよい事項を挙げ、説明しています。これらの事項は、第２章の事例の中でまた説明がされますので、ざっと読んでおけばよろしいかと思います。

## 1.1　新聞記事を読むときのポイント（表1）

第1に、まず疑問と興味をもって記事を読むことが大切です。興味あるテーマだからこそ読むのでしょうが、同時に疑問をもちながら読みましょう。

第2に、その記事は動物のデータなのか、それとも人間のデータなのかを見分けることです。動物のデータであれば、人間に当てはまるようになるまで、さらに何年もの歳月がかかることでしょう。人間のデータでも、それはin vitro（試験管内）なのか、in vivo（細胞など生の検体）なのか、それともwhole body（一人の個体）なのかを見分けましょう。当然、個体としてのデータでなければ、私たち人間に対してすぐには当てはまりません。人間のデータの場合には、その結論が言える対象は誰なのかを読みとります。アメリカ人にしか当てはまらないニュースを、いくら読んでも意味ないですからね。

第3に、ソース（出典）が何かに気をつけましょう。その記事は元になっているものがあるはずです。国際的医学誌に掲載された論文が一番

**表1　新聞記事を読むときのポイント**

1. 疑問や興味をもちながら読むこと
2. 動物のデータか人間のデータ（in vitro、in vivo、個体）か、人間なら誰が対象かを読むこと
3. ソース（出典）が何かを読むこと
4. 研究デザインは何かを読むこと（実験か調査、縦断か横断、前向きか後ろ向き）
5. 標本サイズ（例数）、縦断研究では追跡期間・追跡率も読むこと
6. エンドポイント（結果変数）は何か、そしてエンドポイント例数を読むこと
7. バイアス（問題点）はないか、論旨が通っているかを読むこと
8. 結論の説明（メカニズム）が何かを読むこと

信用度が高く、次が日本語の雑誌、そして学会報告、最後は単なる取材になろうかと思います。なぜかと言いますと、国際的医学誌に載るには厳しい審査があるからです。一方、学会発表にはあまり審査はなく、何でも発表できることが多いからです。国際的医学誌でもレベルがあります。どの雑誌が一流で、どれが二流かは専門家でないとわからないと思います。それらについては、１. ４節および事例の中で紹介します。

第4に、研究方法（デザイン）の種類（詳細は１. ３節）を読みとることです。まずは、実験なのか調査なのかを見分けます。実験とは条件を設定し、さまざまな要因を制御してデータを得ていますので、一般的には実験データのほうが信用あるとされています。一方、調査のほうは現実的条件下でデータをとり、それらを分析しています。したがって、そこで得られた結果は、もしかすると誤りという可能性もあるでしょう。ただし、これらのことは一般論であり、調査データだからといって必ずしもレベルが低いとは言えません。そのほか、例数・追跡期間などの要因も結果の信用度に影響を及ぼします。また、実験には動物実験と人間が対象の臨床試験（あまり臨床実験とは言いません）があります。調査は横断研究（時間経過なし）と縦断研究（時間経過あり）に分類されます。さらに、縦断研究は前向き研究（今から将来にわたり調査）と後ろ向き研究（過去の情報を調査）に分かれます。実験か調査だけでなく、横断・縦断の違い、前向き・後ろ向きの違いまで読むことが大切です。

第5に、その研究の「エンドポイント」は何かを読みとります。エンドポイントとは、結論の中で出てくる結果変数のことです。たとえば、運動をすると体重が減少するという結論であれば、結果としての体重がエンドポイントになります。では、ビタミンEを摂取すれば体に良いという記事であったら、そのエンドポイントは何だと思いますか。体に良いというのは一見わかりやすそうですが、そのエンドポイントはあいまいなことに気づくでしょう。もしかすると体重減少かもしれないし、単に健康感が高まったのかもしれません。

第6に、その結果にはバイアス（すなわち何か問題点）は含まれていないかを考えてください。たとえば、データの取り方や研究デザインに問題はないか、です。そして、論旨にスキップ（飛躍）がないかもよく考えてください。

第7に、得られた結果は説明が可能かを読みとります。結果に対する説明が明瞭ということは、言い換えるとメカニズムが明らかになっているとも言えます。たとえば、コーヒーを飲むと減量できるという記事を読んだとき、それはどうしてかという説明があるかどうかが重要なポイントです。

## 1.2　因果関係の検証（表2）

記事の結論は関連性を言っているのか、それとも因果関係を言っているのかを意識するようにしてください。「両親の身長が低かったため（所為）、私も身長が低い」というのは、因果関係の主張になります。「両親の身長が低い家では、子供の身長も低い傾向にある」は関連性の主張になります。関連性では向き（どちらが先で、どちらが後か）がありません。

因果関係の検証では、厳密に言うと、**表2**のような事実を確認する必要があります。すなわち、結果はどの研究でも一貫しているか、そして

**表2　因果関係を検証するためのポイント**

1．一貫性
2．強固性
3．用量反応性
4．特異性
5．先行性
6．生物学的意味づけ（メカニズム、説明可能性）
7．交絡（こうらく）調整

十分強固な結果か、用量反応性（多く用いるとより多く反応）が見られるか、特異性（原因となる物質を用いなければ無反応）は見られるか、先行性（原因の後に結果はいつも起こる）は見られるか、メカニズム（その説明可能性）は明らかか、交絡（こうらく）の調整（他の可能性を否定）をしたか、などを検証する必要があります。先行性という観点から因果関係を検証するには、縦断研究（時間経過を伴う）でないといけません。

## 1.3　研究デザインの種類（表3）

研究方法（デザイン）は、大別すると「実験」と「調査」になります。人間が対象である実験を臨床試験、動物が対象の実験は動物実験と呼びます。実験は、さらに同時に比較するグループ（群）を置いた比較試験

**表3　研究デザインの読み方**

1．実験（人間が対象の実験を臨床試験と言います）
　何かと比較している試験（同時比較試験）
　ランダム化比較試験（確率的に群へ割り振る試験）：RCT
　非ランダム化比較試験（確率的ではない方法で割り振る試験）：CCT
　既存のデータと比較している試験（既存対照試験）
　介入前の状態と比較している試験（自己対照試験、前後比較試験）
　比較は何もしていない試験（非比較試験）

2．調査（人間が対象であり、疫学研究とも言います）
　縦断研究（時間経過を伴う研究）
　　後ろ向き研究（過去のデータを後ろ向きに収集する研究）
　　　ケースコントロール研究
　　前向き研究（将来に向けてデータを収集する研究）
　　　コホート研究
　横断研究（時間経過を伴わない研究）
　　クロスセクショナル研究

RCT：Randomized Controlled Trial
CCT：Controlled Clinical Trial

(コントロール（対照）群と介入群を同時に比較）と、比較群を置いていない非比較試験に分かれます。群の分け方ではランダム化比較試験(randomized controlled trial）が有名であり、RCTと略されます。これはフィッシャー博士が1940年代に提案した実験計画法の一種であり、現在では最も信用度の高い臨床試験デザインとされています。そこでは群に分ける際に確率を用いていますが、確率を用いずに分ける比較試験のことをCCT（controlled clinical trial）と呼ぶことがあります。確率を用いるとは、サイコロころがしで偶数ならA、奇数ならBと分けるような方法を言います。

コントロール（対照）群を同時に設けない臨床試験もあります。既存のデータと比較するような臨床試験を既存対照試験、英語ではヒストリカルコントロールと言います。また、同時比較はないですが、介入の前を対照と見立てて前後比較する、自己対照試験あるいは前後比較試験と呼ぶデザインもあります。

一方、調査というのは、ほとんどが人間を対象とする研究です。疫学研究と呼ぶこともあります。それは縦断研究（時間経過を伴う研究）と横断研究（時間経過を伴わない研究）に分類されます。縦断研究はさらに、後ろ向き研究であるケースコントロール研究、前向き研究であるコホート研究に分けられます。ケースコントロール研究では、まず結果変数としてケースを定義し、それに年齢・性別などでマッチングしたコントロールを選びます。たとえば肉食と前立腺がんの関係であれば、ケースは前立腺がんの男性になります。コントロールは1人1人につき年齢が近い人で前立腺がんでない人を選びます。それらの対象について、過去にさかのぼり原因であるもの（曝露要因と言います）を調べるというデザインです。コホート研究というのは、まず心臓発作を過去1年以内に起こした人などという集団を決めます。通常は1〜2年間でそのような人たちをエントリーします。こうやってできた集団のことをコホートと言い、その人たちの結果変数を将来にわたって追跡するものです。横断研究はクロスセクショナル研究と言います。いわゆるアンケート調査の類がこれに当たります。

## 1.4 ソース（出典）の見分け方

多くの新聞記事にはソース（出典）が示されています。何も書かれていないときには、それは単なる取材記事だと思ったら良く、一般的には最も信用度が低いと判断します。その次は商業誌などの広告記事でしょう。それらはインタビューだけに基づいていたり、商業的イベントや研究会に基づいていたりすることが多々あります。その次は、学会発表を記事にしたものです。学会にも実はランクがあります。日本循環器学会など権威と歴史をもつものから、学会の下部組織である地方会などもあります。その次は論文になります。論文でもいろいろあり、医学分野ではいわゆる商業誌もたくさんあります。それらは査読（内容に関して専門家による審査）を一般にしていませんので、その信用度は少し下がります。学会誌ではほぼ審査付きです。しかし、より良い研究は一般に英語で出版されるのが通常です。英文誌でも一流と二流はありますが、それはインパクトファクターとして知られています。インパクトファクターが高い医学雑誌のほうが信用性は高まります。インパクトファクターとは、その雑誌に掲載された論文がすべての雑誌にどれだけ引用されたかを点数化したものです。「New England Journal of Medicine（ニューイングランドジャーナル・オブ・メディシン）」が臨床医学ではトップクラスで、インパクトファクターは20点を超えます。続いて、「Lancet（ランセット）」、「JAMA（ジャマ）」、「Annals of Internal Medicine（アナルス・オブ・インターナル・メディシン）」、「BMJ；British Medical Journal（ブリティッシュ・メディカル・ジャーナル）」などが知られています。低いものでは、英文誌でもインパクトファクターが１点に満たないものが多数あります。一方、基礎医学の領域では「Nature（ネイチャー）」と「Science（サイエンス）」が二大著名雑誌と言われています。

## 1.5 調査データの読み方（表4）

記事の読み方の全般については、**表1**（8p）で説明しましたが、ここでは特に調査データの読み方について説明します。

まず、記事になっている研究の仮説・目的は何かを考えます。また、対象は誰かも整理します。その際に、標本（サンプル）は母集団（仮想的集団）から抽出されたものなのか、それともターゲット集団を設定して抽出せずに登録したものなのかも、もしわかれば見ておきます。それに関連して、対象数は何名かも重要な情報です。もし抽出を伴うときには抽出率を、そしてアンケートなどの回収率の数値も見ます。抽出方法も大事なのですが、あまり書かれていないと思います。標本調査のような場合に、RDD（random digit dialing）という抽出方法が使われることが多いですが、また事例のときに説明したいと思います。

時間経過を伴う縦断研究では、特に結果変数であるエンドポイントについてよく読みます。そして、エンドポイントが何例に起こったかも重要なポイントです。

調査データの場合、時間軸を伴う研究かどうかも大切なポイントです。時間軸を伴う縦断研究の場合、情報を過去にさかのぼって収集する研究（後ろ向き研究）か、情報を将来にわたり収集する研究（前向き研究）のどちらかも判断してください。

集計方法が適切かどうかも見ましょう。記事を読むと数値が出てくるけど、それがどのように算出されたかがわからないものは注意しましょう。その際、相対評価か絶対評価かの見極めも大切になりますが、それ

**表4　調査データの読み方**

1．仮説・目的は何か？
2．対象（母集団またはターゲット集団）は？　何名か？
3．エンドポイント（結果変数）は何で、エンドポイント発生例は何名か？
4．どのように対象を選んだ（サンプリングした）か？　抽出率？　回収率？
5．縦断か横断か？　前向きか後ろ向きか？
6．集計方法は適切か？
7．結果のメカニズム説明は妥当か？
8．個人への影響はどうか？

については1.11節で述べます。

結果についての説明可能性（説明できるかどうか）、あるいはメカニズムについてもよく読みます。それがよくわからないときは、その記事を鵜呑みにしないほうが良いでしょう。

最後に、その記事であなたは影響されたかどうかを自問してみてください。影響されない、つまり「ああそうか」で終わるようなら、その記事は自分に関心がないか、それともその記事を信用していないかのどちらかでしょう。一方、あなたの行動を変えるだけの影響力があれば、説得力のある医療ニュースなのでしょうね。

## 1.6　実験データの読み方（表5）

実験データの場合でも、まずその研究の仮説・目的は何かを考えます。次に、対象が誰なのかを読みます。実験データのときには、母集団から標本を抽出するというのは考えにくいです。そこで、ターゲット集団は誰なのかを読みます。対象の選定条件を思っていただければ良いです。そして、対象の人数とその数で十分かを判断します。

実験研究は、対象が動物であっても人間であっても、基本的に時間経過を伴う縦断研究です。そこで、結果変数であるエンドポイントは何か、エンドポイントが何例に起こったかも重要です。

**表5　実験データの読み方**

1．仮説・目的は何か？
2．対象（ターゲット集団）は誰か？　何名か？
3．エンドポイント（結果変数）は何で、エンドポイント発生例は何名か？
4．何かと比較しているか？　同時比較か、過去のデータとの比較か？
5．平均追跡期間は？　追跡率は？
6．結果の指標（相対、絶対）は何か？
7．結果のメカニズム説明は妥当か？
8．個人への影響はどうか？

実験ですから何らかの介入を施しているわけですが、それ以外に何かと比較しているかどうかを見ます。比較される群のほうを対照群と呼び、コントロールと呼ぶこともあります。比較していれば同時比較試験、そうでなければ非比較試験になります。過去のデータと比較している場合は、普通、比較試験とは呼ばず、既存対照（ヒストリカルコントロール）試験と言います。介入の前と比較しているときも、普通は比較試験とは呼ばず、自己対照試験あるいは前後比較試験と言います。

実験研究は縦断研究ですから、対象について追跡しています。そこで、追跡率について気をつけましょう。この情報まで記事に載せないことが多いですが、一般的には90％の追跡（率）が欲しいところです。また、効果の指標についてもよく読みましょう。1．11節で後述しますが、結果を示す際には「絶対」と「相対」の評価があります。そのどちらなのかを見極めておきましょう。

結果の説明可能性、個人への影響を考えることは、1．5節の調査データの読み方と同じです。

## 1.7　交絡（こうらく）をよく考えよう

交絡（こうらく）というのは、「別の説明がある」ということです。たとえば、リンゴを毎朝食べると便通が良いというデータが出たとしても、リンゴが直接的に便通に良い影響を与えたのが正しい解釈ではなく、リンゴを朝食べるという人は朝食もきちんととっており、その朝食をとるということこそが便通に影響しているのかもしれません。このとき、朝食というのが便通を良くする真の原因であり、リンゴはその交絡因子になっていると言います。

特に、調査データの場合には、交絡因子が多く混入していることがあります。したがって、その結果をすぐ鵜呑みにするのではなく、交絡ではないかとよく考える必要があります。すなわち、記事で主張する原因あるいはメカニズムが真実ではなく、何か別の原因あるいは説明がないかと考えてください。そういった交絡因子は結果変数に影響しており、しかも説明されている原因変数とも強く関係している要因です。

## 1.8　偶然性をよく考えよう（表6）

1.7節では、交絡があると正しい因果関係を見誤ることを述べました。交絡というのは虚（うそ）の結果を示す1例です。一般的に、データのとり方などが原因で必然的に虚の結果が起こる場合があります。一方、偶然によっても結果は虚になることがあります。**表6**に示したように、いつも車を飛ばしていて、その日も飛ばして捕まったというのは必然的ですが、いつもは飛ばしていないのに、その日たまたま飛ばして捕まったら偶然と思われます。偶然にして有意な結論が出たというほうは、交絡ほどには問題になりません。統計学では有意水準5％を事前に定めているからです。偶然ゆえに有意な結論に至ったという可能性は、高々5％ということが保障されているのです。ただし、5％未満ではありますが、結果は偶然にして虚であるという可能性は残っています。偶然にして有意になっているニュースもありますので、その記事が本当かどうかは、メカニズムをよく判断しておきたいですね。

**表6　必然と偶然を見極めるためのポイント**

1．両者の違い
　起こるべくして起こった（必然）：誤差範囲を超えている
　たまたま起こった（偶然）：誤差範囲を超えていない
2．例（スピード違反で捕まる例）
　いつも飛ばしていて、その日も飛ばして捕まった（必然性）
　いつもは飛ばしていないのに、その日だけたまたま飛ばして捕まった（偶然性）
3．判断基準
　P値が5％未満なら、偶然とは思えない（必然）とみなす
　P値が5％未満のとき、統計学的に有意であるという

## 1.9　安全性の評価での留意点

「抗がん剤使用に伴い、間質性肺炎（症状が伴わない肺炎だが予後は不良）が2例見られた」という記事では、その抗がん剤を使用した患者何人が対象であったかをよく読みましょう。すなわち、分子だけでなく、分母の情報が安全性評価では非常に大切です。もし記事に書いていないとしても、その危険性を体感するためには分母を想定してみると良いでしょう。たとえば、その抗がん剤は1人の使用で年に100万円だとしましょう。年間売り上げが10億円だったとすると、その抗がん剤を1,000人が服用していたことになります。そこで、年に1,000人中2人のがん患者が、その抗がん剤使用に伴い危険な間質性肺炎で死亡した。このように読んでほしいのです。

## 1.10　2の法則・3の法則

「2の法則」とは、2を足したり引いたりしても、その結論が変わらないことを考える方法を言います。たとえば、昨年の自殺者は4例であったが、今年は1.5倍の6例に増えたという記事を考えます。このとき、「2の法則」を適用すると次のようになります。6例で多くなったと主張していますが、2例引きますと4例になります。これは昨年とまったく同じ件数ですので、増えていると結論するのは妥当でないと考えます。

次は「3の法則」です。100人中で自殺者は0人であったとします。このとき、私たちの町では自殺者は0％と主張するでしょう。確かに現実のデータでは0％なのですが、同様の町でも0％かというとわかりません。また、私たちの町で来年も0％かどうかもわかりません。「3の法則」を使いますと、分子がこのようにゼロのときでも、100分の1の3倍、すなわち3％の自殺率までは考えられるというのです。標本の例数の逆数を計算し、それを3倍して100を掛けパーセントにします。この値こそが、考えられる上限値というのです。3倍していますので、「3の法則」と呼ぶようです。分子がゼロのときにはこれを適用してみてください。

## 1.11 相対評価と絶対評価（表7）

**表7**のような死亡率データがあったとします。介入群で15％、対照群で20％です。介入群のほうが従来の対照群に比べて5％死亡率を減少させたと読めます。このとき、介入群は対照群より25％死亡率を減少したと書くことがあります。同じデータなのですから驚くかもしれません。インチキではないかと思うかもしれません。実は、後者のほうは相対評価というもので、臨床領域ではこちらのほうがむしろ多く使われています。その計算は以下の通りです。

従来は20％の死亡率でした。それに比べて介入群は5％死亡率を減らしたわけですから、5÷20＝0.25になります。パーセントに直しますと、25％死亡率の減少です。

では、相対的に何％減少だと臨床的に意味があるのでしょうか。これには答えはありませんが、目安を**表8**に示しました。10％から意味があ

**表7　絶対評価と相対評価**

データ：A薬（対照群）での死亡率が20％、B薬（介入群）での死亡率が15％

絶対評価：20％－15％＝5％、すなわちB薬はA薬よりも5％死亡率減少

相対評価：(20－15)÷20＝0.25、すなわちB薬はA薬よりも25％死亡率減少

注1．臨床では相対評価を示すほうが多いです。

注2．相対評価が20で割っているのは、20％が対照群の死亡率だからです。

**表8　相対評価のポイント**

| 抑制効果 | 評価の目安 |
|---|---|
| 0％ | なんとも言えない |
| 10％ | 少しは効果がある |
| 20％ | かなり効果はある |
| 30％以上 | 相当効果はある |

ると思いますが、30％以上だと相当大きな効果があると解釈します。この例では25％ですので、かなりの効果だと思います。

副作用を増やすというような薬害データの場合も同様です。通常では副作用発症率は年0.1％だったのが、某薬剤では年0.15％だったとします。その差は0.05％ですから、0.05％その副作用を増やす薬剤ということになります。これは絶対評価です。一方、0.1％に対して0.05％増やすわけですから、0.05÷0.1＝0.5、すなわち50％副作用を増加させたと言います。こちらが相対評価になります。たとえば、この値が1になったらどうでしょう。これは100％副作用を増加させたとなりますが、この場合にはむしろ2倍増加させたと言います。たばこの肺がんリスクは10倍以上と言われています。喫煙していない受動喫煙による肺がんリスクは1.3倍、すなわち30％増加すると言われています。

## 1.12　生存率の読み方

「1年生存率70％」などという数字を見かけたときに、注意することがあります。生存率にはoverall survival（総生存率）のほかに、disease free survival（非疾病生存率）というのがあるのです。論文ではその両者が示されることが多いわけですが、時には使い分けされることがあるので注意しましょう。非疾病生存率とは、病気が悪化せず生存している割合のことですから、総生存率よりは低くなります。病気が悪化する、ではわかりにくいので、非再発生存率（再発せず生存する割合）とか非増悪生存率（増悪せず生存する割合）と呼ぶこともあります。

生存率は、患者にとっては重要な情報になります。末期肺がんでは1年生存率あるいは2年生存率がよく使われます。早期胃がんや前立腺がんなどでは5年生存率あるいは10年生存率がよく使われます。どうしてかと言いますと、末期肺がんでは5年や10年後の生存率はきわめて低くなってしまうからです。また、早期胃がんや前立腺がんでは1年や2年の生存率はほぼ100％と高くなるからです。

業界用語で「ムンテラ」というのを聞いたことがあると思いますが、

いわば病状説明のことです。今風に言えば、インフォームド・コンセント（informed consent、略してIC）のことです。最近では、「ムンテラ」より「IC（アイシーと読む）」と言う医師もいます。生存率に関しても業界用語があります。5年生存率のことは5生率（ごせいりつ）、1年生存率は1生率（いっせいりつ）と呼ぶことがあります。

1年生存率や2年生存率が30％など低くなるような場合、たとえば末期がんでの術後の延命ですが、次のような説明をテレビドラマなどでよく聞きます。「あなたの余命はあと1年です」と。これは生存率ではなく、MST（median survival time；メジアン生存期間）を使っているのです。**図1**に生存率曲線を示しました。最初は100％生存しているのですが、時間が経つとともに少しずつ死亡していくのをグラフにしたものです。ここで、50％（つまり半分の人）が死亡する時点を表したのがMSTです。MSTが1年だとしますと、半分の人は1年以内に死亡し、残り半分は1年以上生きることを意味します。余命1年と言われると、1年以内にほぼすべての人が死亡すると思う人がときどきいますが、それは誤りです。50％の確率で1年以上生きられるのです。

**図1　余命についてMST（メジアン生存期間）で評価する方法**

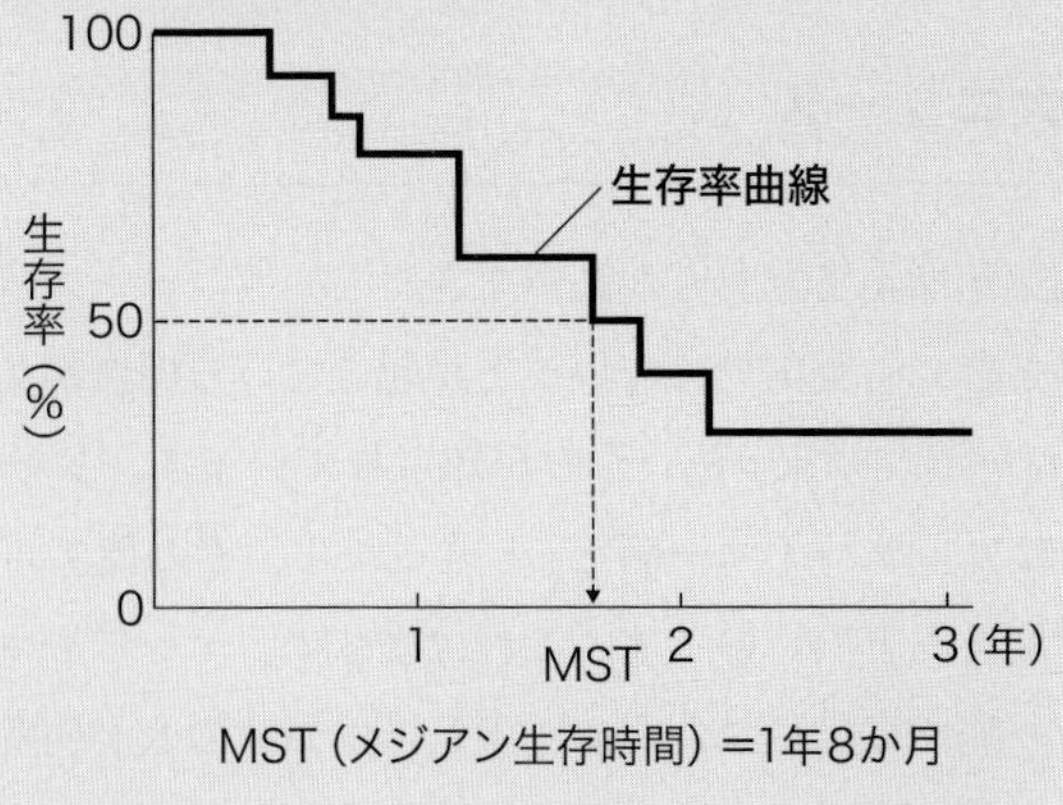

## 1.13 治療成績を読むときのバイアス

がんの生存率などの治療成績が良くなったというニュースでは、次のようなバイアスに注意しましょう。昔に比べて検査が進歩し、がんが見つけやすくなったため、早期でがんを見つけ治療するために生存率が良くなることがあります。これでは、真にがんの治療法が進歩したとは言えません。がんを早期に発見できれば、疾病は軽症化する傾向があります。軽症化（すなわちゼロ）へシフトするということから、このことを「ゼロシフトバイアス」と呼びます。治療成績の向上なのかゼロシフトバイアスなのかをよく考えましょう。

同様のことですが、「がんの生存期間が延びた」というニュースのとき、以前よりも早くがんと診断されるようになったため、見かけ上生存時間が長く見えることがあります。これは診断が先にずれ込んだということによるバイアスであり、「リードタイムバイアス」と呼びます。このような事例はいろんなところで起こります。「食べ物がおいしくないと国民は訴えるようになった」というとき、それは食べ物をおいしいと判断する基準が変わったために食への満足度が下がることがあります。しかし、それが昔に比べ食事レベルが下がったことを意味していないことは、誰もがわかるはずです。満足のハードルが高くなっただけのことです。

## 1.14 病気の拡大ニュース

特定の病気が増えてきたとか減ってきたというニュースは多く見られます。このときにも真実ではないことが起きている場合があります。過去には、「レーガン効果」というのが知られています。レーガン大統領が自ら「私はアルツハイマー病だ」と言ったら、その後アルツハイマー病が全米で増えたというのです。これはまさに、テレビやマスコミでアルツハイマー病が宣伝されたため、少しぼけ気味の人が病院へ駆けつけるようになり、そこでアルツハイマー病と診断される人が増えたためと思われます。

有名人が病気宣言をすると、その病気の患者数が増えるということがよくあります。最近では「長島効果」があります。元巨人軍監督の長島茂雄さんが脳梗塞で倒れましたが、その際、心房細動という病気を併発していたことがわかりました。心房細動などあまり有名な病気ではなかったのですが、そのときニュースなどでよく報道されたため、心房細動に対する国民の関心が高まったのです。高血圧症で病院へ通っている人は、私も心房細動ではないかと心配になり、ホルター心電図（24時間つけておく心電図のこと）をお願いします。その結果、症状では見つからなかった心房細動が診断されたりします。このような効果のことを「映像効果」と呼びますが、これも一種のバイアス（虚の結果）です。このようなことが起こっていないか、記事を読むときには注意する必要があります。

## 1.15 検査法の良し悪し

検査法は日々進歩しています。良い検査かどうかを見極める際に知っておきたいことがあります。それは「感度」と「特異度」です。感度とは、特定の病気にかかっている人がその検査でどれくらい陽性（つまり病気にかかっている）と判定できるかの指標です。病気の人はちゃんと病気と診断できる確率が感度ということです。特異度とは感度の逆であり、病気でない人は病気ではないと診断できる確率のことです。当然のことですが、陽性（病気である）あるいは陰性（病気ではない）と検査で診断するためには、検査値がいくら以上なら陽性という閾値（カットオフ値）を決めなければなりません。この閾値を高くすると陽性が減りますから感度は下がりますし、逆に特異度のほうは上がります。このように、閾値を変えることで感度・特異度は変化します。

そこで、いくつかの閾値ごとに感度・特異度を計算し、それを**図2**のように描き、カーブでつないだのをROC曲線（receiver operation characteristic curve）と言います。この曲線が傾き1の直線より上にあることが良い検査の条件です。直線あるいは直線より下ということは、その検査はしないほうがましということになります。すなわち、この曲線下面積 (AUC, area under curve) が大きいほど良い検査ということになります。

**図2　ROC曲線による検査の見分け方**

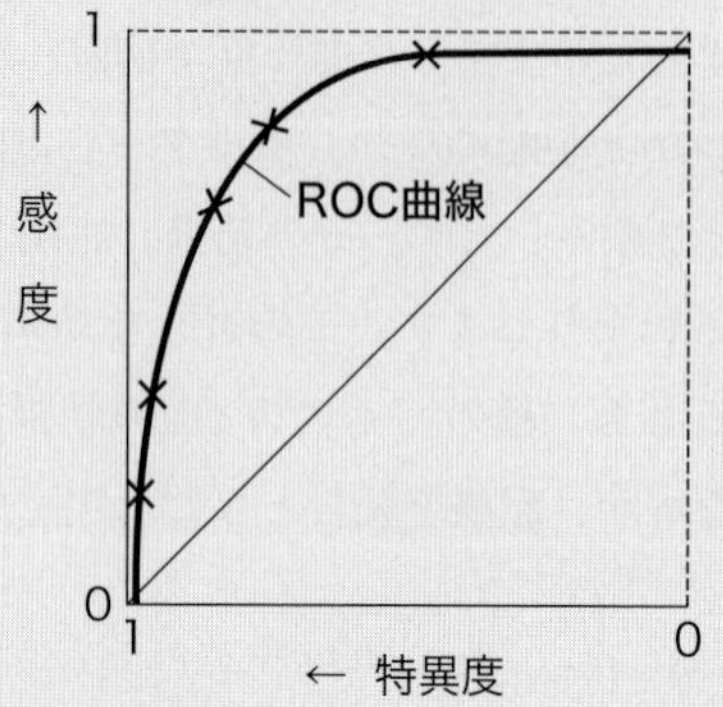


## 1.16　P値と信頼区間

統計学ではP値 (probability value) が大変重要です。しかし、新聞記事には「P値」というのはあまり出てきません。P値というのは確率値ということですが、何の確率でしょうか。それは、帰無仮説 (自分が言いたくない仮説) が仮に正しいとして、今あるデータが出現する確率のことです。正しくは、今あるデータもしくはそれより極端なデータが出現する確率です。その確率が小さければ、こんなデータが出てくるわけがないと考えます。したがって、元の仮説 (帰無仮説) が誤りに違いないと推測するわけです。背理法の確率版と言えます。それでは、どのくらいだと小さい確率とみなすかと言いますと、5％未満とするのが通例です。つまり、$P < 0.05$ なら統計学的に有意な結果と言います。

例を挙げましょう。かぜ薬Aはインフルエンザに効くと思っている人がいたとしましょう。このときの帰無仮説は何かと言いますと、「かぜ薬Aはインフルエンザに効かない」になります。もう少し具体化させる必要があります。かぜ薬Aのインフルエンザに対する有効性は20％としましょう。効かないというのではなく、有効率20％という具体的数字を示す必要があります。そこで、実際に10名のインフルエンザ患者にそのかぜ薬を服用していただき、その効果を判定したところ、8名で有効、2名は無効だったとします。もし帰無仮説が正しいとしますと、二項分布という理論を使い、このようなデータの出る確率は、$_{10}C_2 \times 0.2^8 \times 0.8^2 = 45 \times 0.0000016 = 0.00007$ となります。それよりも極端な例というのは9名有効、10名有効の場合です。それらの場合にも二項確率を計算すると、それぞれ0.000004、0.00000008になります。これら3つの数字を足し合わせたのがP値ですから、P＝0.000074です。これは明らかに0.05未満です。したがって、もしかぜ薬Aの有効率20％が正しい値であれば、10名中8名も有効例が出現する確率は0.0074％にしかすぎないのです。したがって、有効率20％という帰無仮説が誤りだったと解釈します。

一般的には、統計学的に有意となった結果が多く記事になります。すなわち、P＜0.05の結果が得られた記事がよく発表されます。P＜0.05で有意といった場合、それが誤りである確率は5％未満、すなわち95％以上の信頼度で正しいと思われるものなのです。そこで、5％の逆である95％のことを信頼係数と呼んでいます。さきほどの例では、10例中8例で有効でした。有効率は80％ですが、真の有効率はこの辺だろうと幅で示すこともあります。それが95％信頼区間というものです。95％信頼区間は、$2 \times \sqrt{80 \times 20 / 10}$（2は定数と思ってください；80は有効率、20は100－有効率；10は例数です）～25になります。有効率の点推定は80％ですが、真値に関する予想幅としては80－25～80＋25、すなわち55～105％になります。パーセントで100を超えるのはおかしいので、55～100％が正しいです。これが95％信頼区間と呼ばれるものなのです。もし低く見積もれば55％まで可能性はありますが、当初仮定した20％は考えにくいということになります。新聞記事で数字が幅で示されているときには、この信頼区間なのかなと思ってください。

## 1.17 検出力と精度

検出力というのは、ほとんど聞いたことがないと思います。これは統計学の専門用語です。何かと言いますと、仮説を検証したいときに、その症例数で研究を行い、その結果、予想通りにいけば、何%の確率で統計学的に有意という結論が得られるかを示します。有意になれば一応成功の研究ですから、検出力は成功確率とも言えます。通常、研究を行う前に、この検出力と症例数を算定します。一般的に、検出力、つまり成功確率は80%以上に設定します。検出力が低いような研究では、結果は有意にならなくても不思議はありません。成功確率が低いわけですからね。

一方、精度ですが、これも研究を行う前に考えるべき事項です。こちらは成功確率ではなく、推定の精度です。難しい言葉で言いますと、検出力は検定と関係し、精度は推定に関係しています。統計学では検定も推定も大切です。たとえば、糖尿病の有病率を推計し、糖尿病患者数を予想したいとします。全員調べることは無理なので、標本を抽出して調べます。有病率あるいは患者数推計をどのくらいの精度で出したいかにより、必要な標本サイズ（症例数）は決まってきます。たとえば、患者数推計の精度として1,000人のオーダーまで調べるなど事前に決めるわけです。

精度は、データが集まった後にも関係することがあり、95%信頼区間を計算することがあります。これは95%の精度で、真実はこのあたりというのを幅で示したものです。つまり、結果的にこの研究の成果はこの程度の精度があるということを示せるのです。

第２章　実践編

# 新聞記事を読む

それでは、これから実際の新聞記事を読んでいきましょう。

新聞記事は、研究デザイン（計画法）の違いにより3部作に分けました。

**第１部：横断研究を読む**

**第２部：縦断研究を読む**

**第３部：実験研究を読む**

第1・2部は調査データ、第3部は実験データによる記事を集めました。

〈注〉紙媒体の新聞記事に加えて、科学ニュースや論文などを網羅的に紹介するホームページ「サイエンスポータル」（http://scienceportal.jp）も、暇なときにはご覧になるとよいでしょう。

# データで感動実感

読売新聞2004年10月11日

実際のニュースに入る前に、この記事を見ていただきたいと思います。女優の菊川怜さんは新聞をよく読むようで、見出しだけはいつも目を通しているようですね。このように、見出しで見通しをつけることは大変重要なポイントです。見出しは中身まで読むかどうかのきっかけを与えてくれます。著者らも本書を準備するにあたり、「見出し」で医療に関する記事を見つけてきました。

真ん中あたりに、「新聞で様々なデータや数字と、記事を合わせ読み、・・・実感できた。」というフレーズがあります。これが本質だと思うのです。統計の数字を読み、それを誤りなく判断できるようになることこそが、統計的考え方を身につけるポイントです。

統計とは難しい計算ではなく、統計的なセンスこそが大切なのです。ファッションにセンスがあるのと同じく、統計学にもセンスがあるのです。しかも、そのセンスは誰でも簡単に身につけられます。記事の最後のあたりに、「情報の価値を自分で判断する力」と書いています。その際に統計的センスがどう役立つかを、これからとり上げる60個の記事で体得していただきたいと思います。

# データで感動実感

女優 菊川　怜さん

テレビの報道番組のキャスターを始めてから、ますます新聞が手放せなくなった。いま、三紙をほぼ毎日読んでいる。仕事の移動中に読むことが多いが、ホットで旬な情報を逃すことなく、確実に入手することができると感じている。時間がない時も、見出しだけは目を通すようにしている。

スポーツが好きで、サッカーやプロ野球の記事をよく読む。アテネ五輪では、日本人選手の本番での活躍だけでなく、その栄冠を得るまでの隠れたドラマなどを新聞記事で知ることができ、感動も深まった。最近では、米大リーグのイチロー選手のシーズン最多安打達成が心躍る出来事だった。ニュースはテレビで知ったが、その後、新聞で様々なデータや数字と、記事を合わせ読み、彼の記録の素晴らしさを実感できた。社会面を読むと、残忍な事件が多いことが気になる。それらを克明に伝えることは大事だが、明るい話題や、感動的な話も伝えてほしい。

若い人たちが新聞を読まなくなったとも言われるが、これからの世の中を動かしていく私たちの世代こそ、常に新鮮な情報に触れることが必要だと痛感する。情報の価値を自分で判断する力、社会への適応能力を身につけるためにも、新聞を読んでほしいと思う。（談）

# 1 出産すると歯が悪くなる

読売新聞1997年2月6日

出産をすると歯が悪くなるという見出しを見ると、この記事の結論は因果関係かなと思われるでしょう。しかし、よく見ると、出産経験者に対して行ったアンケート調査です。すなわち、ある時点で調査した横断研究なのです。しかし、アンケートでの聞き方が、たぶん「出産した後に歯が悪くなりましたか？」というように、時間経過を想定したような質問をしていたのでしょう。そうであれば形式的には横断研究ですが、縦断研究とみなしても良いかもしれず、上に示したような因果関係を確かめることは可能でしょう。

説明可能性についてはいかがでしょうか。どうして出産と歯が関係あるのか、の説明です。記事によれば、「つわりで気持ちが悪くなり、歯を磨く回数が減る」ためと書いています。そうかなと思われる人も多いでしょうが、本当かなと（疑問に）思われる人もいるでしょう。その他の説明としては、「妊娠によりホルモン分泌が増え、そのホルモンを好む歯周病菌がいる」、「子宮が大きくなって胃を圧迫し、1回の食事量が減るので間食が増える」ためと書かれています。最後の説明がもっともらしいように著者らは思いますが、皆さんはどう思いますか。ちなみに、一昔前までは「赤ちゃんにカルシウムをとられてしまうため」と言われてきたようですが、これは科学的根拠がないようです。

この記事のソース（出典）は何かわかりましたか。ライオンという会社が行ったアンケートですね。東京医科歯科大学の先生も関与していたようです。学会や論文への発表についてはわかりませんし、例数についても書いていません。

# 出産すると やっぱり 歯が悪くなる

## ライオンが調査 56%が「経験者」

「出産すると歯が悪くなる」との俗説が、〝本当〟だったことが明らかになった――。ライオンが首都圏に住む妊娠中または二年以内の出産経験者に行ったアンケート調査から分かったもので、「つわりで気持ちが悪くなり、歯を磨く回数が減る」ことが最大の原因という。

アンケートによると、妊娠中の口の中の状態について「悪くなった」と答えた人は五六%にのぼる。「歯ぐきのはれや出血」を訴える人が最も多く、「歯がもろくなった」「ムシ歯が増えた」という人も目立つ。

## 最大の原因「つわりで歯磨き減るから」

原因として挙げられるのは、歯を磨く回数の減少だ。歯を磨く回数を聞いたところ「減少した」と答えた人が一四%いた。その理由としては「つわり」を挙げる人が多かった。

このほか、妊娠中に歯が悪くなる理由として「妊娠時はホルモンの分泌量が増え、そのホルモンを好む歯周病菌がいる」ことや、子宮が大きくなって胃を圧迫し、一回の食事量が減って間食が増えることも影響していると指摘している。

一方、これまで歯が悪くなる原因として、赤ちゃんにカルシウムが吸い取られるから、といわれて来たことに関しては、「科学的根拠がない」（アンケートを分析した東京歯科大学の眞木吉信助教授）と否定した。

# 2 「肺動脈に血栓」突然死2.8倍

読売新聞2000年2月2日

この記事のソースは何でしょうか。厚生省（現・厚生労働省）による人口動態統計ですから、信用できるでしょうね。2.8倍とは、どこのデータで言っているのでしょうか。左上の表を見ますと、1988～1998年の10年間で、肺塞栓症による死亡者数が591人から1,655人に増えています。すなわち、1655÷591で2.8倍とわかります。

肺塞栓症による死亡者数の統計、およびその中で手術の有無に関する調査は、年ごとの横断研究だと考えるのが一般的だと思います。手術は死亡する前に行っているはずですから、細かく言いますと手術から肺塞栓症になり死亡するという経過は、縦断研究と考えることもできないわけではありません。

それでは、肺塞栓症による死亡者数がなぜ増えたかを説明できますか。記事にも書いていますが、「人工関節などの手術の増加」が原因と思われます。このような手術で起こる血栓（血の塊）が下肢へ移行し、さらに肺のほうへ移行すると肺塞栓症になるからです。こういった背景を知ることが大切ですね。単に事実だけを知るのではなく、どうしてそうなったかも合わせて理解しておくことが勉強になるのです。

それを裏づけるデータも示されています。三重大学での肺塞栓症160人のデータです。カルテから肺塞栓症の患者さんを見つけてきて、肺塞栓症になる前にどのようなことを行っていたかを調べたものです。この中の約4割の患者さんが手術をしていたので、肺塞栓症の半分近くが手術起因（手術が原因）と思ったわけです。ただし、このデータは160例にすぎませんので、その信頼性は低いと思われるでしょう。統計学の簡単な知識を使いますと、

$$40\,\% \pm 2 \times \sqrt{40 \times (100 - 40) / 160} = 40 \pm 8 = 32 \sim 48\,\%$$

の間に真値があると、ほぼ（95％の確率で）言えるのです。難しいことを言いますと、二項分布の正規近似による95％信頼区間を使っています。つまり、肺塞栓症になった患者さんの中で手術が原因の人は、低く

見積もっても32％もいることがわかります。

余談ですが、日本ではまだこのような手術の後にあまり抗凝固薬を用いていませんが、欧米では低分子ヘパリンという抗凝固薬などを標準的に用いているようです。人工関節などの手術をされた方は知っていると思いますが、日本では下肢圧縮ポンプを付けたり、弾性ストッキングという少しきつめの靴下で下肢の静脈を流れやすくして、静脈血栓塞栓症や肺塞栓症を予防しています。

## 「肺動脈に血栓」突然死2.8倍

### 最近10年間 厚生省調査
### 手術後多発、対策遅れ

手術後などに血の塊（血栓）が肺動脈に詰まって呼吸困難を起こし、突然死する肺塞栓《そくせん》症による死者が最近十年間で約三倍に急増していることが、一日までにまとまった厚生省人口動態統計で明らかになった。手術が原因で発症した例も多いとみられるが、予防措置をしていない医療機関が多い。関連学会が近く、対策に乗り出す。

同統計によると、九八年の死者は千六百五十五人。毎年増えており、五百九十一人だった八八年の二・八倍となった。死者のうち83%は六十歳以上。

専門医でつくる肺塞栓症研究会（代表世話人・杉本恒明関東中央病院長）によると、三重大での肺塞栓症患者約百六十人の調査では、約四割が手術など外科的処置がきっかけで発症していた。

手術中や手術後、長時間安静にしていると、血流が悪くなり、足などの静脈に血栓ができやすい。リハビリを始めた時などに、血栓が、心臓に運ばれた後、肺動脈を詰まらせる。肺塞栓症の死亡率は約30%。肥満の人や高齢者は要注意。人工関節など整形外科、産婦人科系の手術や、がん、腹部の手術の際に比較的多い。

この肺塞栓症の急増について、同研究会世話人の中野赳・三重大教授（内科）は「高齢化や、食生活の欧米化による肥満の増加、高齢者の人工関節などの手術の増加が背景にあるのではないか」と分析する。

世界保健機関（WHO）は、血栓ができるのを防ぐため、血液が固まりにくくする薬剤を使用するなどの予防策を推奨、欧米では広く行われている。

しかし、日本では予防策を講じている医療機関は極めて少なく、医師の責任を巡り訴訟となったケースも相次いでいる。

肺塞栓症による死者数の推移

| | |
|---|---|
| 1988年 | 591人 |
| 89 | 603 |
| 90 | 730 |
| 91 | 832 |
| 92 | 887 |
| 93 | 1035 |
| 94 | 1125 |
| 95 | 1400 |
| 96 | 1410 |
| 97 | 1629 |
| 98 | 1655 |

（厚生省人口動態統計から）

# 3 太る男性、やせる女性

読売新聞2000年2月26日

まず図の見方からはじめましょう。左下図を見てください。男性では1979年に比べて1998年では、すべての年代において肥満が進行していることがわかります。一方、女性ではどうでしょうか。右下図を見てください。全般的に過去19年間で肥満は進行していませんし、年代間の相違も見られません。そこで、太る男性という見出しになったのでしょう。よく見ると、女性でも30代だけは少し肥満傾向が見られますが、これは誤差範囲でしょうね。

このソースは何でしょうか。厚生省（現・厚生労働省）が行っている国民栄養調査です。全国から無作為に300地区を抽出し、全部で2万名を対象に、保健所で実施した調査ですね。記事の中にも約1万5千人を対象にしたと書かれていますが、この対象人数で十分だと思われますか。

太る

19年前の2倍
不摂生たたる

厚生省の栄養調査

肥満2300万人

十代で14・4％から20・3％に増加したのが目立つ。

男性の肥満増加の原因を同省では、脂肪分のとりすぎや不規則な食生活、事務中心の仕事が増えた――などと分析。肥満なのに体重管理を心がけない人も四割以上いた。

一方、女性は体重に敏感で、ほとんどの世代で今よりも五㌔前後やせたいと願い、特に十五―十九歳では肥満は6・1％しかいないのに、半数以上が「太っている」と思っていた。体重管理をする理由は、「きれいでありたい」が十五―十九歳、二十代で五割を超える。

調査では、飲酒頻度も尋ねた。男性で「ほとんど毎日飲む」は二十代前半は8％だが、三十代では38・9％、四十代で47・4％と上昇。ピークの五十代は50・4％で、二人に一人が連日飲んでいる。女性は「毎日」は四十代の10％が最高。

このような調査のときの目安は、区分ごとに1,000人いれば十分と考えてください。この例では男女×年代が区分ですから、2（男女）×7（年代）＝14区分になります。そこで、15,000人÷14＝1,000人強になります。1,000人いますので、十分な調査人数だとわかります。

男性の肥満は19年前に比べて2倍と言いますが、それはどうしてかおわかりですか。グラフではわかりませんが、文章中から想像はできます。2段目に、BMI（Body Mass Index, 体格指数と訳し、体重kg÷（身長m）$^2$ で算出）25以上の肥満割合に関する記述があります。男性では15〜19歳で6％から11.4％へ、20代で9.2％から19％へ、30代で16.3％から30.6％と書かれています。このことから、男性の肥満が倍増していることがわかりますね。なお、肥満の基準は日本ではBMI 25以上となっていますが、米国では30以上、WHO（世界保健機関）では28以上と異なります。また、やせの基準は日本では18.5未満のようです。皆さんも自分のBMIを計算してみてください。

男性 やせる女性

ダイエットにこだわり強く

日本の「肥満人口」（十五歳以上）は推計で二千三百万人に上ることが、二十五日公表された厚生省の一九九八年国民栄養調査でわかった。肥満傾向は男性に顕著で、特に若い男性の「肥満」は十九年前に比べてほぼ倍増している。ただ、若い女性ではダイエット志向から「やせ」が増える傾向にあり、日本人の体形は「ふっくら型の男性、スリムな若い女性」へと変わりつつあるようだ。

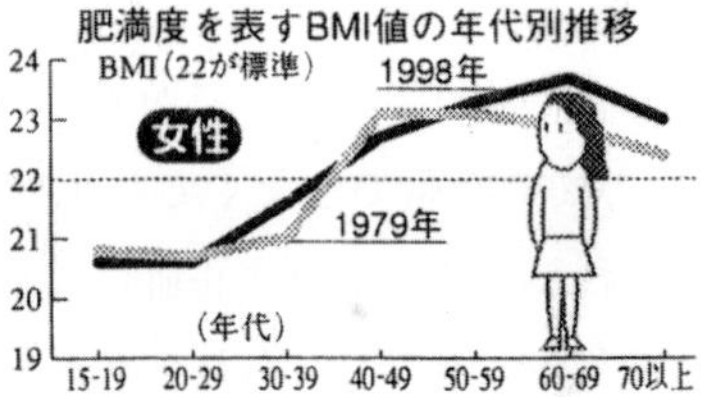


調査は「肥満とやせ」が重点テーマで、約一万五千人を対象に行った。肥満判定には、体重（㌔）を身長（㍍）の二乗で割ったBMI（標準は22。25以上で肥満、18・5未満でやせ）と呼ばれる指標を使った。

十五歳以上の、「肥満人口」は、男性が推定千三百万人で四人に一人、女性が一千万人で五人に一人弱の割合。男性の肥満の割合を七九年調査と比較すると、十五―十九歳で6％から11・4％に、二十代で9・2％から19％に、三十代では16・3％から30・6％と、ほぼ倍増した。肥満が三割を超えたのは三十代だけで、"中年太りの若年化"傾向がうかがえる。

女性の場合は、「やせ」の割合が十五―十九歳で13・5％から20・4％に、二

# 4 高齢者と息子・娘の同居率50.3％

読売新聞2000年9月17日

ソースは何かと言いますと、厚生省（現・厚生労働省）の国民生活基礎調査というものです。折れ線グラフにしてくれていますので、1980年から息子・娘と同居の割合が減っていることは一目瞭然です。一方、夫婦2人暮らし1人暮らしの割合は右肩上がりですね。

2段目に、「この20年ほどの間に20ポイント近く低下した・・・」という表現が見られます。この言い方に少し注意してください。1980年の時には息子・娘との同居率は69.0％だったのが、1998年には50.3％に減っています。つまり69.0－50.3＝18.7％になります。したがって、20％近く低下したというのはわかります。しかし、％ではなく、ポイントという用語を使っています。絶対変化（単純な差）を示すとき、％の代わりにポイントという用語を新聞ではよく使います。同じデータですが、相対表現をするとどうなるでしょうか。すなわち、(69.0－50.3)÷69.0なのですが、次のように大雑把に計算したら良いでしょう。つまり、69－50＝19ですね。これを70で割るのです。そうすると暗算で0.27（ここまで計算できなくても0.2と0.3の間だけわかれば十分です）くらいとわかるでしょう。正確に計算しても0.271です。新聞記事を読んでいるときに電卓などありません。ラフな暗算をする癖を身につけましょう。相対表現しますと、20年の間に息子・娘の同居率は27％減ったと言えます。相対値で言うときには%を使うのです。

1998年の高齢者の割合に関する内訳を見てみましょう。グラフの右端の数字です。上から50.3＋32.3＋13.2ですから、合計すると95.8％になります。どうして100％になっていないのでしょうか。1980年でも合計すると97.1％です。他の形態は除いているのかしれませんし、無回答の人がいたのかもしれません。余計なことかもしれませんが、合計を足して100になっているかを見ておくことも大切です。

家族形態別にみた高齢者の割合
（厚生省調べ）

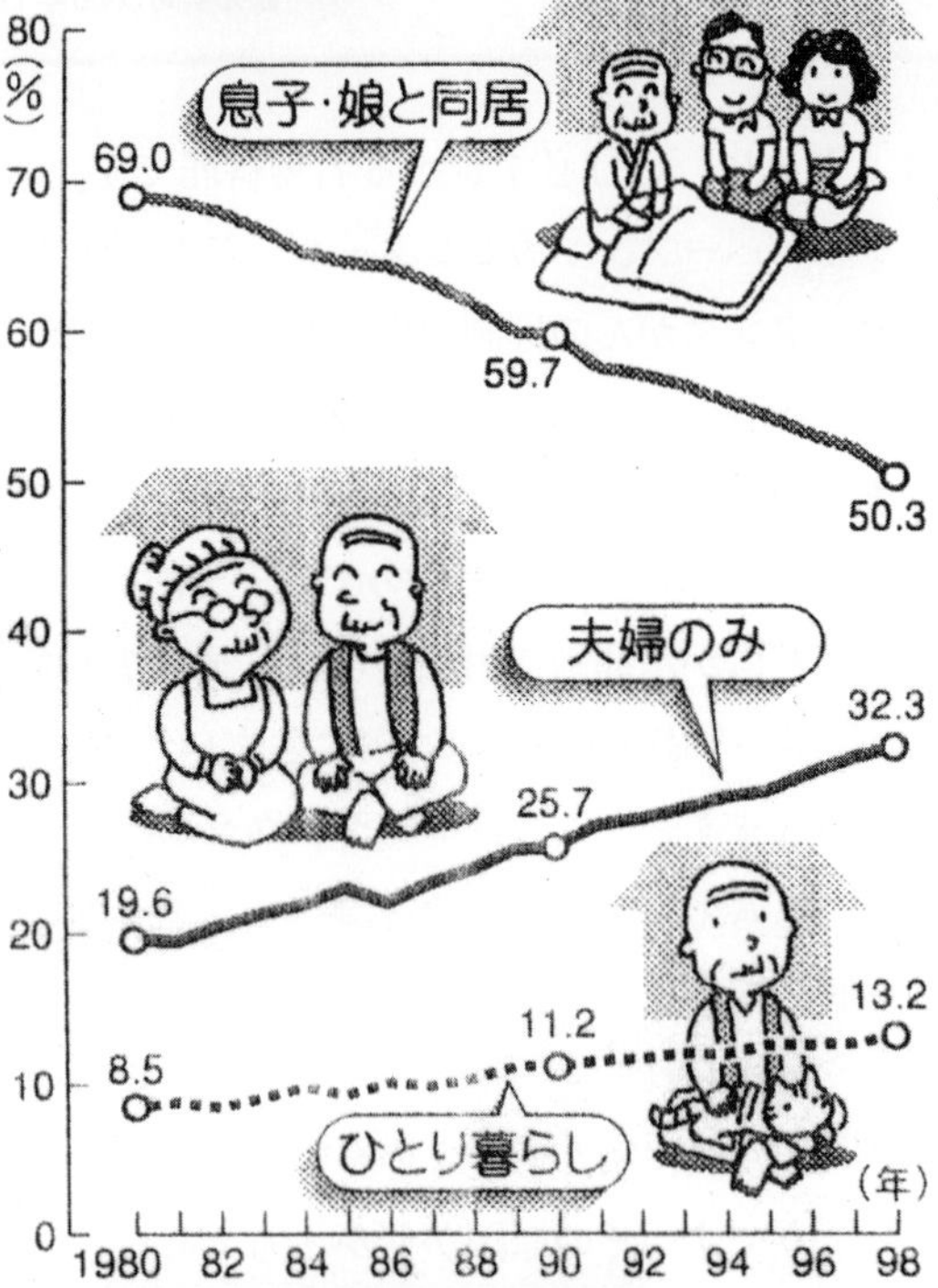


核家族化は、すさまじいスピードで進んでいる。厚生省の国民生活基礎調査によると、六十五歳以上の高齢者が息子や娘と同居している割合は、九八年に全国平均で50・3%になった。

データは語る

八〇年は69・0%だったから、この二十年ほどの間に20㌽近くも低下したことになる。東京、名古屋、関西の三大都市圏を中心に、都市部での同居率はさらに低い水準にある。

# 50.3% 高齢者と息子・娘の同居率

息子らとの同居率は、夫婦のみとひとり暮らしを合わせた率をまだ上回っているものの、そう遠くない時期に逆転する見通しだ。

与党三党は現在、介護保険制度の見直しを進めている。焦点の一つである家事援助について、家族形態別の利用実績を見ると、夫婦のみとひとり暮らしの世帯が全体の八割以上を占めている。

## 猛スピードで低下

家事援助で身体介護をやらせるといった利用の仕方は、是正する必要がある。しかし、家事援助を介護保険の対象からはずすといった議論は、安心して頼れる息子・娘の世代がそばにいないお年寄りの増加を考えれば、ちょっと首をかしげたくなる。

# 5 トムヤムクン：がん抑制に効果アリ

読売新聞2000年12月18日

トムヤムクンは、タイに行けば必ず食べる名物料理です。ちなみに、世界三大スープはブイヤベース、フカヒレスープ、そしてトムヤムクンですね。このトムヤムクンにがんの抑制効果があるという記事です。

まずソースは何でしょうか。京都大学、近畿大学、タイのカセサート大学の研究とありますが、出版の有無は見当たりません。それでは、トムヤムクンのどの成分ががんに効果があるのでしょうか。2段目あたりに、香辛料やハーブなどにがん抑制作用が見られたとありますので、いろいろの成分に良い作用が基礎実験レベルで知られていたのでしょうね。

しかしよく読んでいきますと、これはトムヤムクンががんを抑制したという記事ではなく、トムヤムクンの成分を調べて、よく効いたのはこの成分だろうという研究であることに気づきます。したがって、これは単なる横断調査だろうと思われます。

タイ人に消化器系のがん発生率が低いという事実があるようで、日本人より半分も少ないようです。その原因が何かと考えあぐねた上で、タイの代表的な料理であるトムヤムクンだと主張しています。トムヤムクンに使われる香辛料・ハーブなどを成分分析したところ、抗酸化作用やがん細胞抑制作用などが見つかったというのです。

確かにトムヤムクンに含まれる成分は抗がん作用が強いかもしれませんが、それらがどの程度強いかという量的証拠は記事には載っていません。また、この研究はいわば試験管内の実験にすぎず、さらに臨床試験を行って検証しないと、本当にトムヤムクンにがん抑制効果があるとは言えないのではないでしょうか。

## トムヤムクン

# がん抑制に効果アリ

### 京大教授ら研究 香味野菜に有効成分

【バンコク17日＝長谷川聖治】タイを代表する料理の一つ、辛いエビ入りスープ「トムヤムクン」に極めて高い抗がん作用のあることが京都大、近畿大、タイのカセサート大学の十七日までの研究で分かった。研究者は同スープに使われる生薬には、これまで知られているベータカロチン、ビタミンCより抗がん作用の高い物質が含まれており、がん予防に有効な料理としている。

京都大農学部の大東肇教授（食品生命科学）らは、タイの消化器系のがん発生率が、日本をはじめ他のアジアや欧米諸国に比べて半分以下であることに着目。タイ人が料理などに多用する香辛料やハーブなど百十二種類の食材について、体内の過酸化を抑制する抗酸化作用や、がん細胞を抑制する作用などについて調べた。

その結果、トムヤムクンの独特の味、風味を演出するのに欠かせない香味野菜のナンキョウ（タイショウガ）、レモングラス、カフィライム（コブミカン）の葉に著しい抗がん作用があることを発見した。

ナンキョウ、カフィライムの葉は生薬としても使われ、ベータカロチンの数十倍から百倍の抗酸化作用がある。またレモングラスも消化器系がんを引き起こす細菌などの殺傷能力が高いことを確認した。

研究チームのカセサート大学のスラウディ博士は「さらに研究が必要だが、これらの成分は比較的少ない量でもがん抑制効果のあることも分かっており、他のビタミンも豊富なトムヤムクンはとても健康的な料理と言える」と話している。

# 6 肥満の女性は低所得

読売新聞2001年1月7日

この記事のソースは何でしょうか。英国の雑誌「エコノミスト」ですね。さらに、研究者は米国のミシガン大学です。「エコノミスト」は経済の主要雑誌のひとつですし、ミシガン大学は全米を代表する有名州立大学のひとつです。

この調査対象は、1931～41年に生まれた男女7,000人以上です。1992年の調査のようですので、当時50～60歳の働き盛りの男女です。BMI 35以上の女性は、普通の体重の女性よりも4割所得が少なかったというのです。ここで、BMI 35はどのくらいかを考えてみてください。BMIはすでに説明しましたが、体格指数と呼ばれ、体重kgを身長mの2乗で割った値です。身長150 cmの人であれば、BMI 35は体重71 kgになります。身長170 cmの人であれば96 kgですから、超肥満ということがわかります。ちなみに、日本における肥満の基準はBMI 25以上ですから、35というのはかなり肥満の人たちです。

この傾向は女性にしか見られなかったと言います。その理由を考えておくことが大切です。記事には、「低所得層の人は単純作業に就きがちなため、間食しやすい環境にある」と書かれています。しかし、男性では所得レベルが上がると会食などが増えるため、肥満でも富裕層が多いようです。さて、これは日本人にも当てはまるでしょうか。肥満ということは食事に不自由していないということであるから裕福な人が多い、と思われてきましたが、現在ではそうでもないようですね。逆に、食事に気をつけなくなり肥満になるようですから、日本人でもこのような傾向があるのかもしれません。

# 肥満の女性は低所得◇原因は「男性社会」

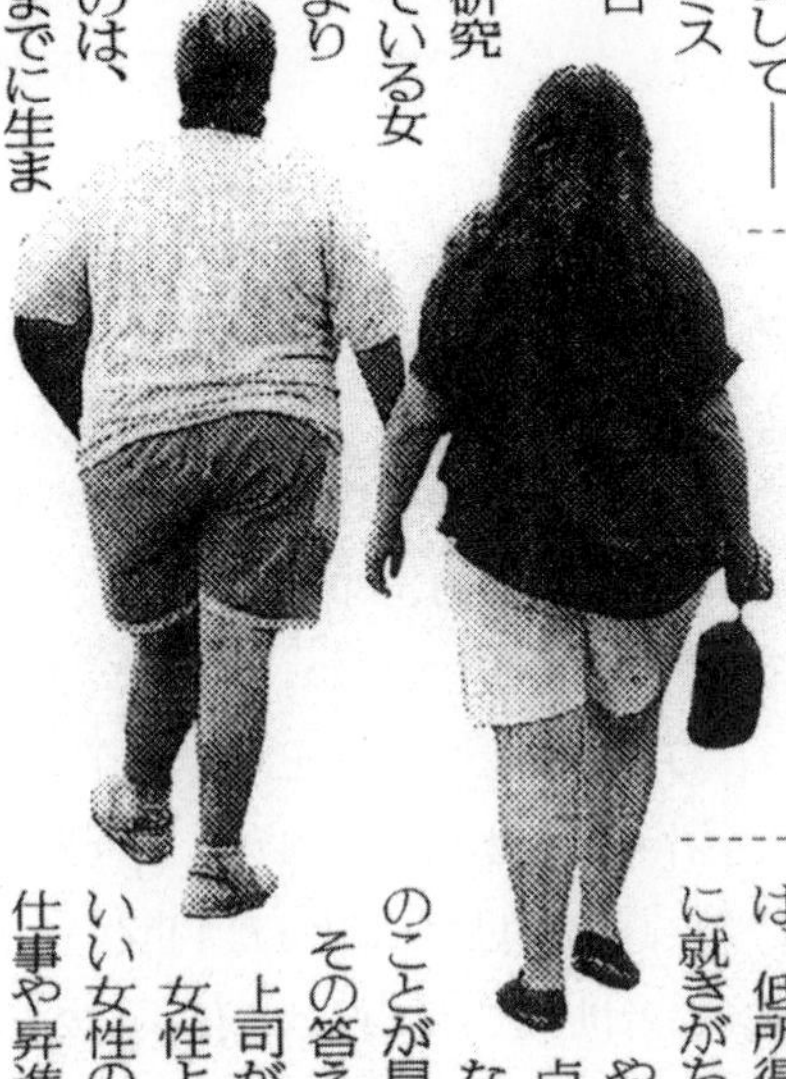

フィットネスクラブだ、ダイエット本だ、と散財を続ける女性たち。「やせたい」動機は、自己満足や男性の目を引こうとする気持ちが大半だが、経済的にも意味があったりして――と、英「エコノミスト」誌（10月23日号＝本紙特約）。

米ミシガン大の研究によると、やせている女性は、肥満女性よりも所得が多いというのだ。

対象となったのは、1931―41年までに生まれた男女7000人以上。調査の結果、92年当時、肥満（体格指数＝BMI＝が35以上）の女性が得ていた所得は、〝フツー〟の体重の女性より4割低かった。

こうした不利益は、98年にはさらに広がり、なんと6割減に！　ただし、男性ではこうした差異は見られなかった。

考えられる理由の一つは、低所得者層は単純作業に就きがちなため、間食しやすい環境にある点。でもそれなら、なぜ、男性で同様のことが見られないのか。

その答えが「男性社会」。

上司が男性だと、肥満女性よりもスタイルのいい女性の方が、高収入の仕事や昇進にありつけるようだ。

一方、男性は所得レベルが上がるほど「懇談」「会食」が増える影響か、腹回りの太さに経済効果がきちんと正比例している。

# 7 高齢者世帯：平均所得304万円

読売新聞2003年6月17日

ソースは厚生労働省による国民生活基礎調査です。カラムによると、これは毎年行われている調査で、46,565世帯を対象に調査。所得に関する調査は7,623世帯を対象に調査したようです。その中で、65歳以上の高齢者にターゲットを当てたニュースです。

まず、所得とは何かご存知ない人はいませんか。収入というのはいわゆる名目の給与ですね。年収700万円の人であれば、所得は510万円になります。所得はほぼ手取り額と思ったら良いでしょう。ちなみに、この人の所得税は69万円です。所得税が1,000万円以上になると長者番付に載りましたが、そのような人の収入は約3,800万円以上、所得で約3,440万円以上です。庶民には雲の上の存在ですね。

上のグラフを見てください。このようなグラフをヒストグラムと言います。全世帯の所得分布は太字枠で結ばれていますが、1世帯当りの平均所得額は602万円だそうです。高齢者世帯に限った1世帯当り平均所得額は304万円だそうです。高齢者世帯での所得は全体平均の半分くらいです。グラフを見て、高齢者世帯でも全世帯でも、所得の分布は左右対称になっていませんね。高齢者世帯ではその傾向は顕著ですが、低いほうに固まっていて、高いほうは永遠に続いています。つまり、少ない人が大多数だけれど、多くもらっている人はきりがないということです。このような分布では、平均は必ずしも良い代表値ではありません。平均の代わりに、しばしば中央値が使われます。記事によりますと、全世帯の所得の中央値は485万円だそうです。平均が602万円でしたから、それより120万円も低いのが代表値になります。高齢者のほうの中央値は載っていませんが、〜200万円が40％、〜300万円で60％ですから、その中間の250万円程度ではないでしょうか。こちらも50万円ほど低くなっています。

同じグラフを見てください。所得額1,000〜1,500万円の区分で頻度が増えているのはなぜでしょうか。100万円きざみが途中から500万円きざみになったためですね。別に、1,000万円の大台になると世帯数が多くなるわけではありません。

高齢者世帯

# 平均所得304万円

2001年 過去最大4.7%減少

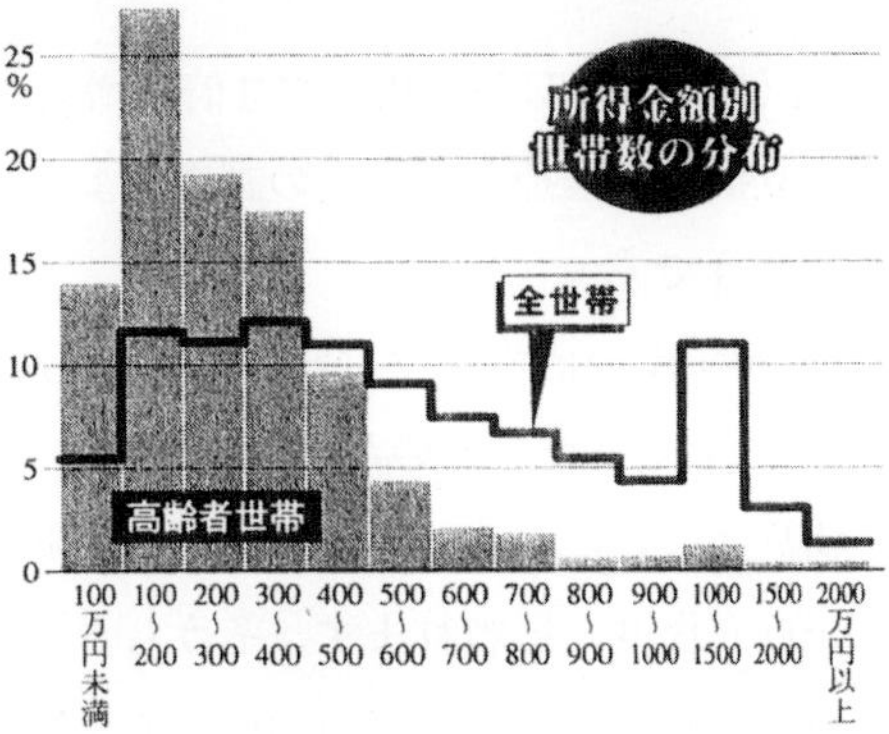


二〇〇一年の一世帯当たり年間平均所得は、前年より2・4%減の六百二万円だったことが、厚生労働省の国民生活基礎調査でわかった。減少は五年連続で、ほぼ十年前の水準にまで落ち込んだ。景気低迷が長引き、企業の業績不振で給与カットやリストラなどが広がる中、相対的に所得の低い世帯が増加していることを裏付けている。

平均値は、一部の高所得者によって上昇することがあるが、全世帯の中央値も四百八十五万円で、八九年以来十二年ぶりに五百万円を下回った。

高齢者世帯に限ると、一世帯当たりの平均所得は前年比4・7%減の三百四万六千円で、減少幅は過去最大。所得分布を見ると、百万円以上二百万円未満が27・3%で最も多く、二百万円以上三百万円未満（19・3%）、三百万円以上四百万円未満（17・5%）と続いた。前年に比べ、五十万円以上二百万円未満の低所得者世帯の割合が増えたのが目立つ一方、一千万円以上の高所得者も3・2%から2・2%へと減った。

また、高齢者世帯の所得内訳では、公的年金・恩給が二百十二万六千円（69・8%）と七割を占め、次いで稼働所得が五十八万二千円（19・1%）。高齢者世帯のうち、所得のすべてが公的年金か恩給という世帯は57・2%だった。

世帯主の年齢別所得を見ると、五十歳代（七百八十二万九千円）、四十歳代（七百二十九万七千円）が平均値を上回り、三十歳代（五百七十八万四千円）、六十歳代（五百六十三万九千円）の順。六十五歳以上の平均は四百七十八万円だった。

一方、六十五歳以上の高齢者の世帯内での経済的立場は、子ども夫婦と同居している場合では「被扶養者」が77・6%と圧倒的に多かった。これに対し、配偶者のいない子と同居している場合では世帯内の最多所得者が38・3%を占め、老親の所得をあてにした子どもと生活しているケースが少なくないことをうかがわせた。

**国民生活基礎調査** 生活実態を調べるため毎年行われている。昨年は六—七月に行い、世帯関連は、四万六千五百六十五世帯、所得関連は七千六百二十三世帯から有効回答を得た。「高齢者世帯」は、六十五歳以上の者のみの世帯、またはそれに十八歳未満の未婚者が加わった世帯。

高齢者世帯の収入源

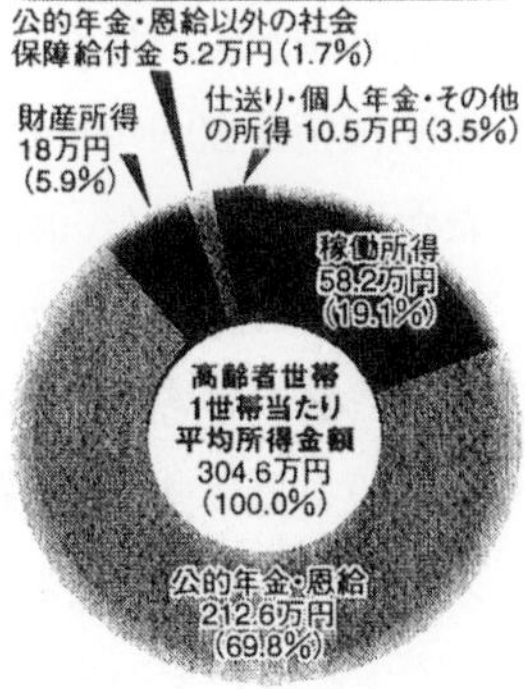

# 8 子宮頸(けい)がん：若い女性で急増

読売新聞2003年7月7日

若い女性の子宮頸（けい）がんが、10年で4倍に増えたというニュースです。ソースは国立病院呉医療センターの調査のようですが、まだ論文にはなっていないようです。

1982年以降、子宮頸がんの治療を受けた患者2,071人を調べました。'91年以前では29歳以下は2％だったのが、'92～96年では6％、'97～'01年では8％と急増しているというのです。約20年間ですので、子宮頸がん患者は年に100人程度と思われます。そうしますと、100人中29歳以下が2人くらいだったのが、最近では100人中8人に増えたということです。確かに4倍に増えていますが、100人当たり2人が8人に増えただけです。「2の法則」を適用してみますと、1982年が100人中4人(実際は2人だが2を足して)、2002年が100人中6人（実際には8人だが2を引いて）となります。なお2002年のほうが多いですが、ほとんど大差なしだと思いませんか。

子宮頸がんの見つけやすさが、20年前と現在とでは同じでしょうか。診断技術が20年の間で進歩し、早期に子宮頸がんが見つけやすくなったかもしれません。もしそうであれば、最近のほうが子宮頸がんは多く見つけられて当たり前です。ある病気が増えたという記事を見たら、こうした観点も考えてみてください。

中段を見ますと、「過去30年間に検診を受けた29歳以下の女性6,129人において、検診で初期の子宮頸がんが見つかるケースも増加傾向にあった」と書いています。これは別のデータなのでしょうが、30年間で6,000人ですから、年200人平均になります。検診で仮に1％の割合で子宮頸がんが見つかるとしたら、年に2人、5％の割合で見つかるとしても年に10人です。確かに20代の人でも検診を受けることにより、子宮頸がんが早期に発見できる人は何人かいるでしょう。大変ラッキーな女性です。逆に、検診しても何もなく、無駄だったと思う女性も多いことでしょう。それでも安心と言われればそうかもしれませんが、安心代まで国家で一部負担するというのはどうでしょうか。皆さんも考えてみてください。

## 子宮けいがん 若い女性急増

### 広島の医師が調査

### 29歳以下10年で４倍／性感染症が一因？

若い女性の子宮けいがん患者が、最近十年で四倍に増えていることが、国立病院呉医療センター（広島県呉市）の藤井恒夫産婦人科医長らの調べで分かった。

急増の原因は不明だが、性感染症の増加が一因とみられている。日本産婦人科医会がん対策委員会は、全国的な傾向とみて、子宮がん検診の対象を若年層へ拡大する検討を始めた。

藤井医長らは、同センターと広島大病院で一九八二年以降に子宮けいがんの治療を受けた患者計二千七十一人の年齢を調べた。二十九歳以下の女性が占める割合は、九一年以前は2％だったが、九二―九六年には6％、九七―二〇〇一年には8％まで急増していた。六割はごく初期のがんだったという。

また、過去三十年間に同県内で検診を受けた二十九歳以下の女性約六千百二十九人について調べたところ、検診で初期の子宮けいがんが見つかるケースも増加傾向にあった。

子宮けいがんは、子宮の入り口付近にできるがんのこと。一部の子宮けいがんの発症には、性行為などで感染する「ヒトパピローマウイルス」がかかわっていると言われている。

ほとんどの自治体は、三十歳以上の女性を対象に子宮けいがんの検診を実施しており、二十代を対象にした検診を実施している自治体は非常に少ない。

藤井医長は「高齢出産が増え、妊娠して初めてがんが判明するケースも少なくない。若いうちから積極的に検診を受けてほしい」と訴えている。

子宮けいがん　子宮がん全体の６―７割を占める。子宮の本体にできる子宮体部（子宮内膜）がんとは区別される。初期の段階で治療を行えば、ほとんど再発せず、妊娠・出産も可能だ。

# 9　増加傾向のコンビニ強盗

読売新聞2004年6月11日

コンビニ強盗が '01年に1件、'02年に4件、'03年に1件、そして '04年に3件と増加傾向にあるという記事です。まず、ここで「2の法則」を当てはめましょう。'04年の3件のところに注目しますと、3－2＝1件になりますから、これは '01年と同じ件数です。そんなに増えたというほどでもないことに気づくでしょう。

第2のポイントは、分母の変化に気をつけてくださいということです。コンビニの営業件数が '01年から '04年にかけて変化していないでしょうか。もしコンビニの営業件数が増えていれば、それに応じて強盗が増えても不思議はありません。さらに、コンビニは何軒くらいあるものでしょうか。家の周りを見回して見てください。結構たくさんコンビニに出くわすことでしょう。著者らの住んでいる富山市は人口40万人程度ですが、仮に300軒コンビニがあるとしましょう。そうすると日本全体の人口は富山市の約300倍なので、全国で約9万軒コンビニがあることになります。9万軒ある中で強盗が3件なら、強盗の確率は3÷90,000、すなわち0.003％になります。

最後に、コンビニ強盗が増えた理由について考えておきましょう。記事の中では1人勤務が増えてきたためと書いています。それが一番の理由かもしれませんが、24時間体制も大きいかもしれませんね。

# 増加傾向のコンビニ強盗

## 01年1件、02年4件、03年1件（年間） 今年は既に 3件

県内でコンビニエンスストアを狙った強盗事件が増加傾向を示している。今年発生した強盗事件11件中、既にコンビニ強盗だけで未遂を含めて3件が発生しており、ここ数年では最も早いペースで、従業員が軽傷を負うなどの被害も出た。県警はこれまでも深夜営業のコンビニに対して、複数の従業員を置くことや、防犯カメラの適切な設置などを呼び掛けてきたが、店舗によっては、人件費などの理由から必ずしも徹底されていないのが実情だ。　（竹田　淳一郎）

NEWS EYE ニュースアイ

### 県警 深夜営業、複数勤務を
### 店側 人件費の高さを懸念

県警によると、六月九日現在でまとめたコンビニ強盗の件数は、二〇〇一年（年間一件）、〇二年（同四件）、〇三年（同一件）のいずれも一件だった。

今年の三件は、一月二日朝、新湊市のコンビニに無職の男が押し入り、逮捕された事件以外は未検挙。四月十六日夜、高岡市内で男が刃物で従業員を脅して現金約十二万円を奪い、五月三十一日未明にも大島町のコンビニが襲われ、男性従業員が犯人の男ともみ合った際、手の指に軽傷を負った。

未検挙の二つの事件の発生時は、いずれも従業員が一人だった。高岡市の事件では、店長が出勤する直前の入れ替え時で、大島町の事件ではアルバイトが病気で休んだすきを突かれた。

県内には約四百店舗のコンビニがあり、県警は警察官による夜間巡回を強化し、①防犯カメラの設置とカメラ位置の点検②深夜営業時の複数勤務の徹底③客への声掛け――などを指導。防犯カメラについては「全店での設置が完了した」（県警街頭犯罪対策室）としている。

だが、複数勤務については、コンビニ関係者から「人件費などの問題から、必ずしも実施するのは難しい」という声も出ている。

フランチャイズ契約で営業している店が多いため、契約条項に「二十四時間営業」を入れているところが大半だ。だが、人通りの少ない郊外店の場合、深夜の売り上げは期待できない。

強盗に遭った経験があるコンビニ経営者は「人件費が高い深夜帯に二人の従業員を置けば赤字の店も多いはず」と指摘する。

複数勤務を実施している店の大半も「経営者や家族が深夜勤務しているのが実情」と言う。

経営者が深夜勤務になる場合の弊害も指摘されている。売り上げの精算を深夜にすることが多くなり、多額の売上金が店内の金庫などに保管されることになってしまうためだ。

また、防犯カメラや緊急通報装置がレジ付近に集中しているため、一人勤務で従業員が商品の搬入や陳列作業を行う場合、レジの近くに人がいない状態となる。県警では「結果的に強盗に狙われやすい環境を作ってしまう」と指摘している。

# 10 喫煙率：3割切る

読売新聞2004年10月20日

この記事のソースは何でしょうか。日本たばこ産業（JT）の調査であることがわかります。JTの調査で喫煙率が減ったというのは、少し気をつけて読む必要がありますね。JTは「たばこ」を販売している会社だからです。

調査方法を見ますと、どうでしょうか。男女16,000人を対象に調査をしています。どのように16,000人を選んだかは書いていませんが、無作為と呼ばれる恣意の入らない方法で選ばれていると想像されます。それでは、16,000人から喫煙率を推計するのは妥当でしょうか。先に述べた区分に分けて調べてみましょう。16,000人を男女で分けると8,000人ずつになります。さらに、20歳代から60歳代まで調査したとすると6区分なので、10歳男女区分当り、1,300人が調査対象ということになります。区分当り1,000人以上の基準はクリアしていますね。

30代男性の喫煙率が56％という結果だとすると、全国の30代男性の喫煙率はどれくらいだと思いますか。56％という結果が調査で出ているのだから、全国でも同じ56％だと思うかもしれません。でも、全国を調べていないのですから、そんなことわからないと言う人もいるでしょうね。ここで、統計学の95％信頼区間というものを利用しますと、$56 \pm 2 \times \sqrt{56 \times 44 / 1{,}300} = 56\% \pm 3\%$という結果になります。この計算式は 2 の記事（32p）で登場したのと同じです。そこで、全国の30代男性の喫煙率は53～59％だろうと推計できます。1区分で1,000人もあれば、このように誤差範囲が3％程度で推計できるのです。選挙の出口調査も約1,000人も行えば、6％以上得票率の離れた候補者同士なら、どちらが勝利するかわかってしまいます。ただ、95％信頼区間を使うと5％は誤ってしまうので、選挙の当落で誤りは困ります。

そこで、95％よりも信頼度の高い99.7％信頼区間を使えば、$56 \pm 3 \times \sqrt{56 \times 44 / 1{,}300} = 56\% \pm 4.1\%$ですから、8％以上得票率が

離れていれば1,000人調べると当落がわかります。

「喫煙率29.4％（前年比0.9ポイント減）」と書いています。前年が30.3％のため、0.9％減ったわけですが、新聞記事では変化量をあらわすときにはポイントという表現をします。ちなみに、相対表現のときにはパーセント（%）を使います。

16,000人を対象に調査をしたと書いていますが、実際に回答が得られたのは10,790人だと別の新聞でわかりました。回答率は67.4％です。調査の記事では回答率も確認すると良いでしょう。回答率が50％未満のような調査は、少し疑ってみたほうが良いかもしれません。

増税に高齢化……●9年連続過去最低を更新

**喫煙率**

**3割切る**

成人でたばこを吸う人の割合が今年は29・4％（前年比0・9ポイント減）と、九年連続で過去最低を更新し、初めて三割を切ったことが十九日、日本たばこ産業（JT）の調査で分かった。喫煙率から推計した喫煙人口は三千三十二万人で、前年より七十六万人減少した計算だ。

調査はJTが今年六月、全国の二十歳以上の男女計約一万六千人を対象に実施した。それによると、たばこを吸う男性は前年比1・4ポイント減の46・9％で、女性は同0・4ポイント減の13・2％。男性の喫煙者は一九九二年以降、十三年連続で減っているが、女性は横ばい傾向が続いている。

一日当たりの平均喫煙本数は、男性が二十二・四本（前年比〇・五本減）、女性が十六・五本（同〇・七本減）。年代別の喫煙率は男女とも三十歳代が最も多く、男性が56・3％（同3・6ポイント減）、女性は21・3％（同0・4ポイント増）だった。

喫煙率低下について、JTは、高齢化の進展や喫煙場所の規制が進んだこと、「たばこ増税」に伴う値上げなどが要因と見ている。

# 11 うつ病対策と支援で自殺予防

読売新聞2004年10月20日

自殺に関する統計の記事です。自殺も死因のひとつですが、自殺統計は警察庁の管轄なのですね。

1年間で自殺者数は34,000人余とあります。国際比較のグラフも掲載されています。国際比較をするときは、当然国によって人口が違いますから、人口当たりで比較しないと意味がありません。そこで、ここでも人口10万人当たりの自殺率を比較しています。さらに、国によって年齢分布は異なるでしょう。たとえば、日本は高齢者が多くいます。高年齢で発症しやすい病気を見るときには、年齢分布でさらに調整する必要があります。自殺に関しては、年齢とはあまり関係ないかもしれませんね。性別分布は国によって違いがあるとは思えませんので、性別で調整する必要はないでしょう。

グラフを見ますと、日本人の自殺率は人口10万人当たり24.1です。これはどのようにして計算されたかわかりますか。日本の人口は約1.2億人ですね。自殺が1年で34,000人だそうです。割り算しますと、4,000人に11人（12,000 ÷ 3.4）となります。10万当たりにしますと、それを25倍しますから25になります。グラフの24.1にほぼ近くなっています。次に、もっとも自殺率の高いリトアニアを見てみましょう。日本の約2倍ですね。この人口10万あたり44.7がどのくらいかというと、2,000人に1人になります。大きな職場だと2,000人くらいいるでしょう。大企業なら1年に1人くらい社員の自殺者が出る感じ（程度）が、リトアニアの状況だとわかります。日本はその半分ですから、大企業で2年に1人くらい社員の自殺者が出るという印象でしょうか。

これは、自殺者数が過去最悪になったというニュースです。20,000人台だったのが、’98年以降になり30,000人台になったようです。これは事実なのでしょうが、どうしてなのかという説明が大切です。その説明として、経済の失速により中高年者の自殺が増加した影響が強いようです。失業率と自殺者数には相関があるようですから、経済の低迷が自殺者を増やした原因かもしれません。もしそうだとすれば、今後経済が回復すれば自殺者数が減ってくるはずですね。今後の経緯に興味のある方はフォローしてください。

# 自殺予防

## 心の病としての認識薄く うつ病対策と支援で減少可能

自殺者数が過去最悪を更新する中、インターネットを介した集団自殺も起きた。予防対策に本腰を入れる時だ。

医療情報部 山口 博弥

インターネットによる若者の集団自殺はその異様さが目を引くが、わが国の自殺者は中高年以上が圧倒的に多い。

警察庁が発表した昨年の自殺者数は、過去最悪の三万四千人余。平均寿命の延びを鈍化させた。人口十万人当たりの自殺率は主要先進国では最高で、米国の二倍を超える。

年齢の内訳は、多い順に六十歳以上（34％）、五十歳代（25％）、四十歳代（16％）、三十歳代（13％）。未遂者は既遂者の十倍以上と推計され、自殺は多くの国民に身近で重大な問題と言える。

国内外の研究によると、自殺者の九割は、うつ病など精神科の診断がつく。精神科医の高橋祥友《よしとも》・防衛医大防衛医学研究センター教授は「心の病気なら治療方法もあり、自殺を予防できる可能性も高まる」と言う。

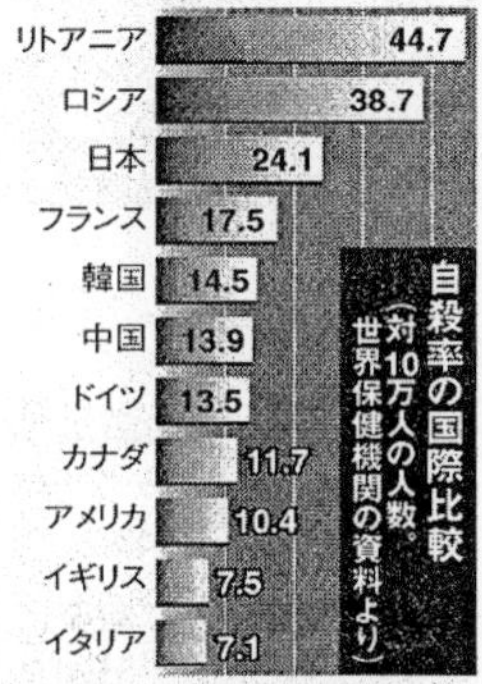


「あの時の精神状態は異常でした。生きていて本当に良かった」。都内で十年前に自殺未遂を図って救命された主婦(51)の言葉だ。しかし、自殺が心の病気という認識は、一般的にまだ薄いと言わざるを得ない。

ふさぎこむ、眠れなくなる、やる気が起きない、といったうつ病の症状や、死をほのめかす言動に家族や友人が気づいたら、専門家への相談を勧めるのが第一歩だ。

心の病への対策として取り組み、予防の成果を上げた自治体も、少数ながらある。

新潟県松之山町では、八五年から県のモデル事業として、県や保健所などが精神科医らと協力し、高齢者の心の状態を調べるアンケート調査を実施。うつ傾向の強い人を治療につなげた結果、自殺率が四分の一に減少した。

自殺率が高い秋田、青森、岩手県でも、町ごとに啓発活動や高齢者の生きがい対策を展開、成果を上げている。

国でも、一昨年末に「自殺予防に向けての提言」をまとめ、「すべての国民に起こりうる問題」と位置づけて、予防対策の必要性を訴えた。

具体的な対策として、心の健康についての知識の普及、うつ病傾向のある人の発見と治療の導入などうつ病対策、地域や職場での相談、支援体制作りなどを盛り込んだ。

二万人台で推移していた自殺者が九八年以降、三万人を超えたのは、経済問題による中高年以上の自殺が増加した影響も大きい。完全失業者数と自殺者数の増加には相関がある。自殺は、単に個人の心の問題ではなく、社会全体の安定性なども関係している。

しかし予防対策により、自殺者を減らすことはできる。各自治体は、具体的な対策を講じるべきだ。

# 12 自殺者5年ぶりに増加

読売新聞2004年12月18日

同じく自殺の記事です。たぶん、ソースは同じなのでしょう。前年度より14人多い、137人の自殺者が出たと書いています。すなわち、昨年は123人、そして今年は137人です。このとき相対変化を暗算で計算してください。約10％増（14÷123）とわかりますね。治療効果の目安を**表8**（19p）に示しましたが、逆に危険性のほうも同様の判断ができます。10％程度の増加では多少の増加、30％超だと相当な増加と考えます。

今回は増加なので良いのですが、これがもし減少という記事であったら少し気をつけましょう。つまり、近年子供の数が毎年減っています。子供全体が減っているので、自殺者も減ったと考えられるからです。

このように、実際の数字だけでなく、それが真の変化なのか、見掛けの変化なのかを考える習慣をつけてください。

2段目に、自殺原因として「その他」が63.5％を占め、その大半は動機を特定できなかったとあります。死亡された人の動機を解明するのは無理かと思いますが、少し気になるかもしれませんね。

自殺増加が仮に真実だとすれば、その原因を特定したいものです。それが明らかになっていますか。あなた自身何が原因だと思いますか。自殺者増加はたまたま、つまり偶然変動の範囲だと思いますか。

「5年ぶり増」というのが鍵です。記事をよく読みますと、これまで5年減り続けていたようです。1979年には380人が自殺していたようです。それに比べると、2004年は137人ですから約3分の1です。123人から137人になったからと言っても、380人に対比すると、123÷380（32％）、137÷380（36％）であり、わずか4％の差にすぎません。ここで「2の法則」を当てはめますと、32＋2＝34、36－2＝34と同一になります。すなわち、1979年の自殺者380人という事実から見て、昨年も今年も同様であり、自殺者は30数％減っていると結論するほうが妥当ではないでしょうか。

## 公立の小中高生

# 自殺者5年ぶり増

### 昨年度137人 大半は動機不明

昨年度に自殺した全国の公立小、中、高校の児童生徒は、前年度より十四人多い百三十七人となり、五年ぶりに増加したことが十七日、文部科学省が発表した問題行動の調査で分かった。

内訳は小学生五人、中学生三十四人、高校生九十八人。原因は、「父母等のしっ責」など家庭事情が12・4%、精神障害が8・8%で、「進路問題」や「友人との不和」などの学校問題は、4・4%にとどまった。ただ、「その他」と分類された事例が63・5%を占め、大半は動機を特定できなかった。

自殺の増加について、野田正彰・関西学院大教授（精神病理学）は「今後も増加傾向が続くかどうか、推移を見守る必要がある」としたうえで、「以前は、挫折感や悲しみから自殺することが多かったが、最近は、生きることに意味を見いだせずに、死を選ぶ例もある。引きこもりやニート（無業の若者）も増えており、若者が社会に関心を持てなくなっていることと関連があるのではないか」と指摘。文科省は「増加の理由は分からないが、命を大切にする教育や学校での相談体制を充実させ、防止に努めたい」としている。

小中高生の自殺は、校内暴力が多かった一九七九年度に三百八十人とピークを迎え、その後、減少。アイドル歌手の後追い自殺が問題となった八六年度や、元ロックグループのメンバーが自殺した九八年度に増加したが、最近は減少している。

一方、昨年度、出席停止の措置を受けた中学生は二十五人（前年度比十一人減）で、統計を取り始めた八五年以来、最少だった。

# 13 離婚で母子家庭：5年で5割アップ

読売新聞2005年1月20日

このソースは何でしょうか。そうです、全国母子世帯等調査ですね。興味のある人は、この調査についてインターネットで調べてみてください。調査というのは全世帯を母集団と見立て、そこから無作為に（確率的という意味）標本を選んできます。標本とは全体を代表する対象ということになります。そこでいろんな調査を行い、その結果を何倍かして母集団へ推計するのです。

それでは、この調査はどのようにして標本を選んだのでしょうか。記事にも書かれていますが、もとは国勢調査のようです。そこから無作為に、約3,800世帯を標本として抽出したと書かれています。この3,800世帯を対象にして、母子家庭かどうかなどを聞いたものです。全国で122万人の母子世帯がいると推計しています。

見出しには、離婚による母子世帯が5年で5割（50％）アップとあります。ここでは％（パーセント）が使われていますから、それは相対数値だと想像されます。棒グラフの上から2番目の薄灰色部分が離婚です。真ん中の広い部分です。1998年には70万人でしょうか。それが2003年には100万人に増加しています。30万人の増加を元の70万人で割りますとほぼ0.5、つまり5割増ということがわかります。

最後に、見出しの下に小さく「全体の8割」とありますが、これは何のことかわかりますか。母子家庭の中で、離婚が原因で母子家庭になった割合が8割ということですね。

# 離婚で母子家庭 急増98万世帯

## 5年で5割アップ

### 全体の8割

厚生労働省が十九日に発表した「二〇〇三年度全国母子世帯等調査」によると、全国の母子世帯数（推計）は百二十二万五千四百世帯に上り、一九九八年度の前回調査から28%も増加していることがわかった。「死別」を理由とする母子世帯は前回調査比18%減の十四万七千二百世帯と少なくなったものの、「離婚」による母子世帯が同50%増の九十七万八千五百世帯に急増したためだ。日本の家族のあり方が急速に多様化していることを裏付けた形で、離婚母子家庭への支援拡充が課題となりそうだ。

■母子世帯数と母子世帯になった理由　厚生労働省調べ

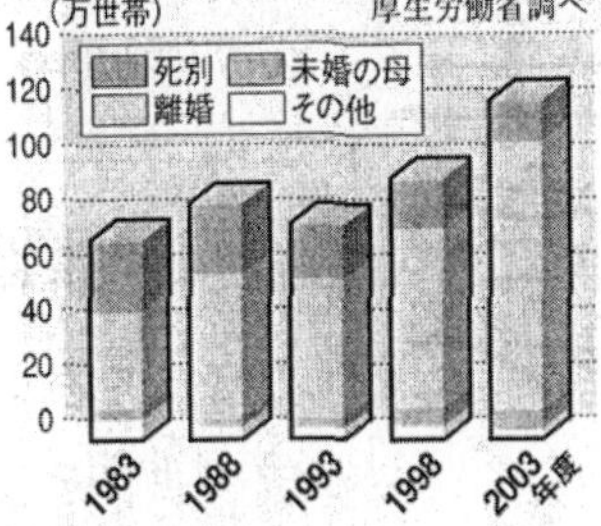


調査は、二〇〇〇年国勢調査の調査地区をもとに無作為抽出した全国約三千八百世帯を面接、二〇〇三年十一月現在で推計した。二十歳未満の子どもが父親と暮らしていない世帯を母子世帯と定義している。

調査結果によると、母子世帯の総数は、一九五二年度の調査開始以来最多となった。母子世帯となった理由としては、全体の八割を占めた「離婚」、「死別」のほか、「未婚の母」も七万五百世帯（前回調査比2%増）に上った。

一方、父子世帯数は十七万三千八百世帯で、前回調査から6%増加した。このうち、「離婚」を理由とする父子世帯は前回調査比38%増の十二万八千九百世帯で、全体の74%を占めた。「死別」による父子世帯は三万三千四百世帯で、前回調査から36%減少した。

離婚母子世帯について、父親からの養育費の状況を聞いたところ、養育費について取り決めをしている世帯は34%にとどまった。これを離婚の形態別に見ると、調停離婚をした世帯の75%は取り決めがあるのに対し、協議離婚をした世帯では27%しか取り決めをしていなかった。二〇〇三年四月に、離婚した父親に養育費を支払う努力義務を課す改正母子寡婦福祉法が施行されたが、十分な効果を上げていない実情がうかがえた。また、養育費の平均月額は、前回調査より8540円安い4万4660円だった。

母子世帯全体について、母子世帯になった時の母親の平均年齢を見ると、前回調査よりも一・二歳若い三十三・五歳、一番小さい子の平均年齢は〇・六歳若い四・八歳で、ともに低下した。母子世帯の平均年収は、厳しい経済情勢を反映し、同17万円減の212万円だった。

調査時点で、働いている母親は83%（前回調査比2ポイント減）で、正社員は39%（同12ポイント減）と低下する一方、パートや臨時社員が49%（同11ポイント増）となった。母親の両親などと同居する母子世帯は、37%（同8ポイント増）だった。

調査結果について、同省は「養育費の取り決めがある母子世帯が少ないなど、家計の苦しい母子世帯が多い」と分析するとともに、「自立を促すための就労支援など、きめ細かい支援策が必要だ」としている。

母子寡婦福祉法　夫と死別か離婚したなどの理由で母親一人で二十歳未満の子どもを育てている母子家庭を支援するための法律。母親が事業を始めるのに必要な資金や、子どもの学費などが必要な場合、無利子か低利で貸し付けが受けられる「母子福祉資金」などの制度を規定している。

# 14 自殺多発は月曜日

読売新聞2005年1月29日

毎度自殺記事ですみません。自殺願望でも自殺勧奨でもありません。この記事のソースは何でしょうか。2段目から、厚生労働省による人口動態統計だとわかります。もし興味があれば、厚生労働省のホームページから人口動態統計を調べてみてください。これはしっかりした国の統計数字なので信用できますね。2003年に自殺した32,109人を分析した結果のようです。区分ごとに1,000人が目安でしたから、十分な数の調査対象です。

月曜日に自殺が多いという記事なのですが、これはどうしてでしょうか。何か説明ができますかと、まず問うてみることです。たとえば脳出血は夕方の活動期に多いとか、脳卒中は冬に多いというのは説明がつきますし、なんとなくわかります。ここでは、その説明が香山リカさん(精神科医)によって次のようになされています。「年度初めや週の初めに自殺者が多いのは、そこで強いプレッシャーを感じるためだ」というのです。なんとなく理解できますね。

さらに、奇妙な事実が続きます。男性は早朝、女性は正午ごろに自殺が多いというのです。これはどうしてか説明がつくでしょうか。考えてみてください。4～5月に自殺が集中したというのは、年度初めが危険ということでわかりそうですね。

# 自殺多発は月曜日

厚労省統計

## 男性は早朝、女性は正午ごろ

自殺者が最も多いのは月曜日で、週末になるにつれて減っていることが二十八日、厚生労働省の統計報告で分かった。男性は早朝、女性は正午ごろに多いことも判明。ここ数年、国内では約三万人もの自殺者が出ているが、曜日や時間帯などの分析は初めてで、厚労省では「自殺者の心理状況を知る手がかりなどに利用し、今後の予防策につなげたい」としている。

報告は、同省が毎年行う人口動態統計をもとに分析。過去最多となった二〇〇三年の国内の自殺者三万二千百九人について、自殺時の状況などを調べた。

曜日別では月曜日が最も多く、一日平均で男性八十人、女性二十七人。最も少ないのは土曜日だった。時間帯では男性は午前五―六時台が、女性は正午ごろが多く、男女とも四、五月に自殺する人が集中していた。

各年代とも首をつって命を絶つケースが最も多いが、その他の手段として、二〇〇三年は前年に比べガス自殺が急増。特に三十歳代男性では21・7％を占めた。同省は「各地で練炭自殺が相次いだことが影響したのではないか」と見ている。

**精神科医の香山リカさんの話**「月曜日や年度初めに自殺者が多いのは、会社や学校など社会生活が『始まる』ことに強いプレッシャーを感じている人が多いからだと思う。通勤、通学をしていない引きこもり状態の人も、周りがスタートを切る様子を見ると、自分にひどく落ち込む。特に男性は、社会的な失敗を人格の否定ととらえる傾向があり、月曜日がつらいのでは」

# 15 家でのたばこ：動脈硬化の恐れ

読売新聞2005年3月19日

このソースを見ましょう。埼玉県熊谷市の開業医さんが日本循環器学会で発表したというソースのようです。この学会は日本の循環器領域で最も定評のある学会ですから、ある程度は信用できると思います。

日本医師会が音頭をとって、小学4年生の健診の際に、親の喫煙と子供の尿中ニコチンを調べたようです。両親が喫煙している家庭の子供では6割にニコチン代謝物質が検出されましたが、片親の喫煙では3割にしか検出されなかったそうです。そこで、（両親が喫煙の場合は）リスクが2倍もあるという記事です。しかも、ニコチン代謝物質が多いほどHDL（善玉コレステロール）が少ないというのです。HDL（善玉コレステロール）が少ないと動脈硬化を起こすというのは、なんとなくわかります。通常の子供よりもHDLが10％低いというのですが、これは本当に意味のある低下でしょうか。相対数値の目安では10％は「多少低い」でした。さらに、記事には載っていないようですが、何人の小学生の家庭を調べたかも関係するでしょうね。

たばことHDL低下との関係ですが、この説明はわかりましたか。たばこが心疾患の危険因子というのは、ほぼ周知でしょう。また、HDLが低いのも心疾患の危険因子です。しかし、問題はたばこがどうしてHDLを下げるかということです。たばこはその成分であるニコチンにより、血管を収縮させることが知られています。そのためかどうかわかりませんが、たばこを吸う人の手が冷たいと感じている人はいませんか。たばこを吸うと血中にニコチンが蓄積し、それにより血管が収縮しやすくなり、そのため心疾患になるという説明なのでしょうか。少し説明が不十分のような気がします。

# 煙たい親 子にも「害」

## 家でのたばこ

## 動脈硬化の恐れ

親が家庭でたばこを吸い、受動喫煙にさらされている子供は、動脈硬化を防ぐ善玉（ＨＤＬ）コレステロールの値が低いことが、埼玉県熊谷市医師会の井埜利博医師（小児循環器）らの研究でわかった。成人後に心筋梗塞《こうそく》などを引き起こす危険が子供の時から高まることになり、特に母親の喫煙の影響が大きい。19日から横浜市で開かれる日本循環器学会で発表される。

同医師会は、小学4年の児童に行っている生活習慣病検診の際、親が喫煙しているかどうかを尋ね、子供の尿中に含まれるニコチン代謝物質の量を調べた。その結果、両親とも喫煙している子供の6割、一方の親が喫煙者の場合は3割に、受動喫煙の証拠となるニコチン代謝物質が検出された。子供に接する時間の長い母親が喫煙者の場合は、父親に比べ約2倍の影響があった。

尿中のニコチン代謝物質の量が多い子供ほど、血液中のＨＤＬコレステロールが少なく、通常の子供より約1割低かった。たばこを吸うとＨＤＬコレステロール値が低下し、心筋梗塞の恐れが高まることが知られているが、小児の受動喫煙でも同様の危険があることが裏付けられた。

井埜医師は「ぜんそくなど目に見える病気ばかりでなく、親の喫煙は子供の体を様々な形でむしばんでいる証拠と言える。親の禁煙が重要だ」と訴えている。

静岡県熱海市の「熱海サンビーチ」の全面禁煙化を可能にする新条例が、18日の市議会定例会で可決された。条例に基づき、市は約２万平方㍍の砂浜一帯を喫煙禁止区域に指定する。海開きの６月26日から実施される予定で、全国でも珍しい「禁煙ビーチ」が誕生する。

## 熱海に「禁煙ビーチ」

条例は、努力規定として道路、公園など屋外の公共の場所では喫煙しないよう求めている。さらに、市長が喫煙禁止区域を指定できる条項を設けた。違反者にはビーチわきに設けられた場所での喫煙を指導するなどし、従わない場合は、最終的に市が氏名を公表する。

# 16 安値落札：品質に影響せず

読売新聞2005年7月3日

落札率が低いと品質が悪いと思われがちですが、実はそうではなかったという記事です。グラフを見てください。こういったグラフのことを散布図と言います。横軸の落札率と縦軸の総合評定点には、関係がなさそうだとわかります。グラフが丸型になっていれば無相関（相関係数ゼロ）になります。グラフが右肩上がりだと正の相関、右肩下がりだと負の相関になります。

総合評定点が65点未満だと不良工事とされるようですが、不良工事は落札率が低いほうに少し多いように見受けます。もちろん、それは誤差範囲なのかもしれません。

このグラフから、落札率および総合評定点ともに、相当ばらつきがあると思います。落札率は100％に近いと思っていましたが、なんと30％から100％まで均等にばらついているようです。必ずしも真ん中あたり、つまり60～70％あたりにピークがあるようにも見えません。このような分布のことを一様分布と言います。一方、真ん中にピークを持つ山型の分布は有名な正規分布です。試験の点数の分布などは正規分布になることが多いです。総合評定点（縦軸）の分布も52～95点とばらついているようですが、こちらは正規分布に近いようです。右横からグラフを見てください。そうしますと、左端（グラフ下側）と右端（グラフ上側）は少しドット（黒い点）が少ないが、真ん中あたりにドットが集中しているように見えませんか。

このような分布の特徴から、落札率は40～60％を低、60～80％を中、80～100％を高と3分割することは可能ですが、総合評価点の方はこのように一様に分割するのは良くないこともあります。

# 10県発注 公共工事

# 価格競争 質下げず

## 「指名入札必要」国の見解揺らぐ

全都道府県
本社調査

全国の10県が県発注工事の落札率（予定価格に占める落札価格の割合）と出来栄えの相関関係を分析し、「一般競争入札などで価格が下がっても、品質には影響しない」との結果を得ていたことが、全都道府県を対象にした読売新聞の調査でわかった。国土交通省は「安値競争で粗悪工事が増える恐れがある」として、全入札工事の2%（件数）でしか一般競争入札を実施していない。残りは「談合の温床」とも指摘される指名競争入札を採用しているが、その理由の妥当性が問われる形になった。〈関連記事39面〉

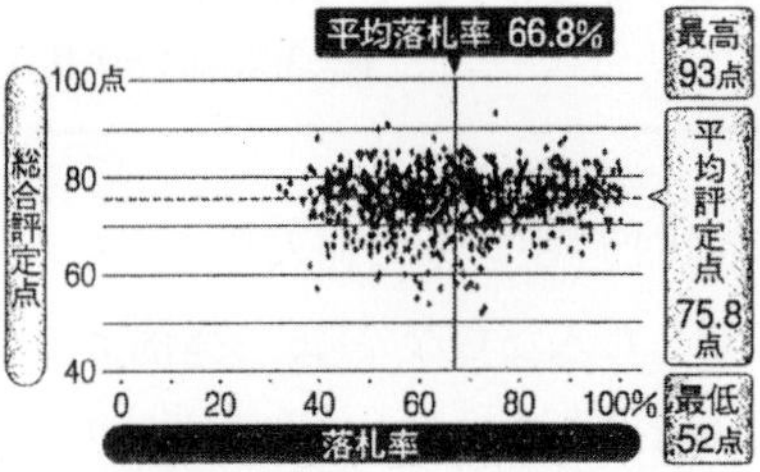


長野県土木部発注工事（2003年度）の落札率と評定点数の分布状況＝長野県提供＝。国交省の主張通り「落札率が下がると工事品質が落ちる」とすれば、グラフ上の点の分布は右肩上がりになるはずだが、長野県の分析では、点は落札率にかかわらず帯状に分散しており、評定点数との相関関係は見られなかった。

工事の質を調べる「成績評定」は、2001年4月に施行された入札契約適正化法に基づき、国交省が適正化指針の中で国や自治体に要求。コンクリート強度など13項目について検査し、65点未満だと「不良工事」とする基準を示している。

47都道府県の土木部門での検査状況について、本紙が調べたところ、山形、宮城、埼玉、長野、静岡、愛知、滋賀、鳥取、長崎、沖縄の10県が、評定点数と落札率の関係をまとめていたことが判明。それ以外の都道府県は点数化はしているものの、落札率との関係は調べていないとしている。

10県のうち、入札改革で落札率の平均が大幅に下がった長野県では、03年度に完成した928件の建設工事の成績と落札率の関係を分析。落札率が100%だった工事の成績が76点だったのに対し、31・6%と最も割安だった工事は78点だった。全般に落札率にかかわらず工事の質にはばらつきがあり、落札率が高い不良工事もあった。

愛知県では、04年度の土木工事のうち、落札率が95%以上のグループは平均74・54点で、75%未満の方が平均76・39点と質がよかった。静岡県では同年度、落札率95%以上の平均が78・9点で、75%未満の77・6点をわずかに上回ったが、不良工事4件はどれも95%以上で落札されていた。

他の7県でも、落札率の高さと工事の出来には関係が見られなかったほか、神奈川県横須賀市、三重県松阪市、兵庫県明石市の3市も同様の結果だった。

会計法や地方自治法は、税金を使う場合は原則として一般競争入札を行うよう定めている。だが、国交省の場合、一般競争入札は7・3億円以上の大型工事だけに限定。03年度の入札工事（港湾・空港分を除く）は、件数で98%、金額で76%が指名競争入札だった。

同省はその理由として、①競争の激化で落札価格が下がり、品質低下を招く②入札や契約、検査などの事務量が増える――などを挙げている。00年11月の衆院建設委員会では、当時の扇建設相も同じ理由で、一般競争入札の全面導入に否定的な見解を示していた。

今回の結果について、同省では「そうした結果が出ていたとは知らなかった」（建設業課）と話している。

# 17 厚生年金：平均額は月16万9000円

読売新聞2005年8月17日

まず本調査の対象ですが、20年以上厚生年金に加入していた人に限定しています。これだけ長く仕事をした人たちなのに、受給額が0～30万円まで大きくばらついている印象をもちませんか。しかも、男女で受給額が相当異なっていますね。これはどうしてなのか考えてみてください。受給額が加入期間によって異なるのは当然でしょうが、男女でこれだけの差があるのはどうしてでしょうか。20年以上勤めた人に限定していますから、男女間で勤務年数に違いがあるとは思えません。そうだとすれば、平均年収額が女性で低いためだろうと想像がつきます。2段目あたりに、「女性の平均年収が284万円、男性の平均年収が513万円で、女性では男性の6割弱」と書かれています。受給額も女性は男性の6割弱（女性11.0万円、男性19.6万円）になっています。

次にグラフを見てください。厚生年金の受給月額の男女別の分布です。女性では少ない人が大半ですが、多い人は少ないながら限りなくいます。男性はその逆で、多い人が多数を占めていますが、少ない人も限りなくいます。このような左右対称ではない分布のときには、平均値はあまり意味がありません。その代わりに推奨されているのが、中央値（メジアン）です。多い順に並べて、ちょうど真中の人の月額値のことです。ここでは平均値が使われていますが、もし中央値だとすれば女性は約8万円、男性は約19万円でしょうか。そうしますと、女性の受給額は男性の42％（8÷19）ですね。分布の山の一番高いところを最頻値（モード）と言いますが、これでも女性は約8万円、男性は約22万円ですね。中央値とほぼ同じように、女性は男性の36％（の受給金額）です。しかし、平均額では56％（11.0÷19.6）になります。現場のイメージとしては56％もなく、40％前後のほうが正しいと思います。

## 厚生年金の受給額、実際は？

### 年金改革Q&A ⑳

Q　厚生年金の受給額は、実際にはいくらぐらいですか。

A　会社員などが加入する厚生年金は、制度に加入した期間が長く、その間の賃金水準が高かった人ほど、金額が多くなる仕組みです。社会保険庁の調べによると、実際に受け取っている人の平均額は、昨年3月末現在、月約16万9000円（本人名義の基礎年金を含む）です。

ただし、男女別に見ると男性が平均約19万6000円を受け取っているのに対し、女性の平均受給額は、その6割弱の11万円にとどまっています。

このデータは、厚生年金に原則として20年以上加入していた人だけを対象に、年金額を集計した結果です。

女性が男性を大きく下回っているのは、出産や子育てで仕事を離れざるを得なくなったり、賃金の低い仕事をしていたりする例が目立つからです。

このデータで、男性の平均加入期間が34年7か月なのに対し、女性は23年8か月で、11年ほど短くなっています。年収の平均額（推計値）も、男性513万円、女性284万円で、女性は男性の6割弱です。年金額の男女格差を是正するためには、子育てしながら働きやすい環境を整備し、男女の賃金格差をなくす必要があります。

## 平均額は月16万9000円

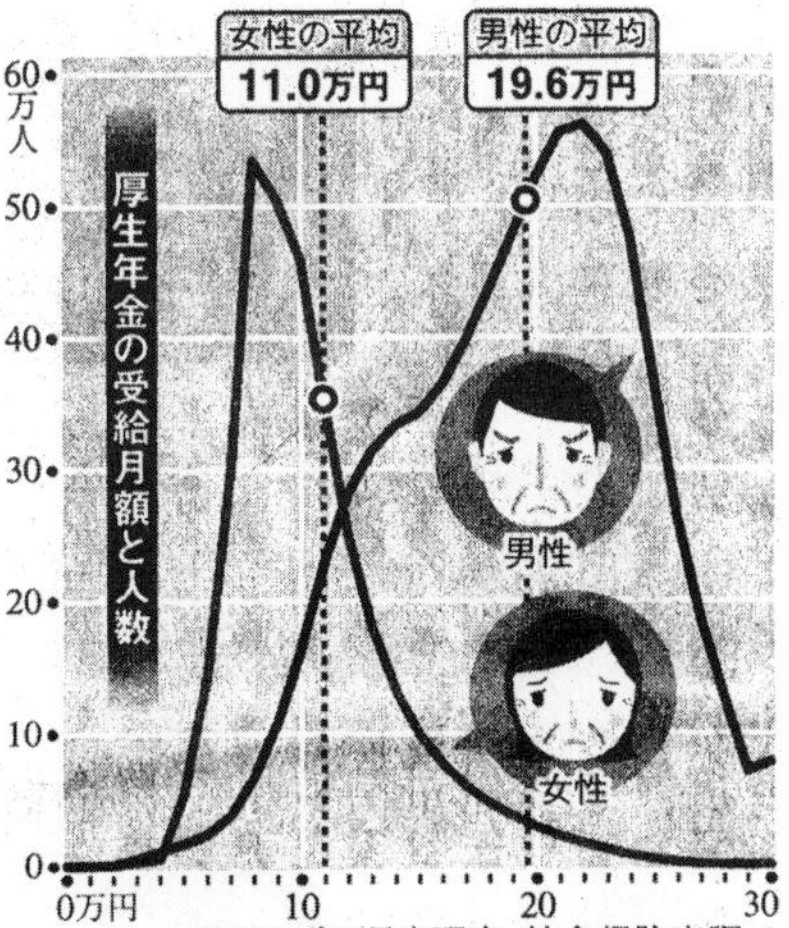

※2004年3月末現在、社会保険庁調べ

今年4月から、育児休業を取得した場合に厚生年金保険料が従業員本人分、事業主負担分ともに免除される対象が、それまでの「子が1歳未満」から、「3歳未満」に拡大されました。年金額の計算上は、その間の賃金が休業直前の水準だったと見なされます。子育てを支援し、年金額の格差を縮小することが目的です。

しかし、そもそも育児休業を取得できずに退職する女性が目立つ現状では、十分な効果は期待できそうにありません。年金制度の枠内だけで考えていては、年金額の格差は、なかなか解消できないのです。

ところで、厚生労働省は、夫が平均的な会社員、妻がずっと専業主婦という夫婦を「モデル世帯」と想定し、その年金額が合計で月約23万3000円だとしています。

今回のデータで、男性の平均受給額が月約19万6000円ですから、仮にこの額を受け取る男性の妻が基礎年金を月4、5万円ぐらい受給すれば、夫婦の合計額はモデル世帯を上回ります。よく、「実際の受給額は、厚労省のモデル世帯ほど多くないのでは」という声を耳にしますが、サラリーマンと専業主婦だった世帯のかなりの部分が、モデル世帯と比べて、さほど見劣りしない年金を受給していると思われます。

# 18 夏休みに出た宿題

読売新聞2005年8月17日

ここで特徴的なグラフが見られます。鉛筆の図であり、このような図示のことをpictogram（ピクトグラム）と言います。絵で図示したというものです。鉛筆で示すことにより、宿題あるいは勉強していることを表しています。通常の棒グラフでも同じことですが、絵で表すことで勉強の調査であることを直感させる技術です。

1994年と2004年とで比較しています。しかし、パーセントしか出ていませんので、それぞれ何人ずつ調査した結果かはわかりません。もちろん、対象をどのように抽出したかもわかりません。わかるのはどちらも、学習研究社が行ったというだけです。そのネームバリューで信じるしかありませんね。

この10年で工作の宿題が減り、自由研究が増えていると結論しています。確かに工作は63％から46％に減少し、自由研究は42％から57％に増えています。このときこの変化に意味があるかを読みとりましょう。その際に相対表現を用いると便利です。工作については約27％減少（17÷63）、自由研究については約36％増加（15÷42）になります。相対表現の目安を**表8**（19p）に示しましたが、どちらもかなりの変化だと

わかります。絵だけ見ますと、工作のほうが大きく変化したと思われるかもしれませんが、相対的に見ると自由研究の変化（増加）のほうが大きいのです。絵に惑わされないように気をつけましょう。

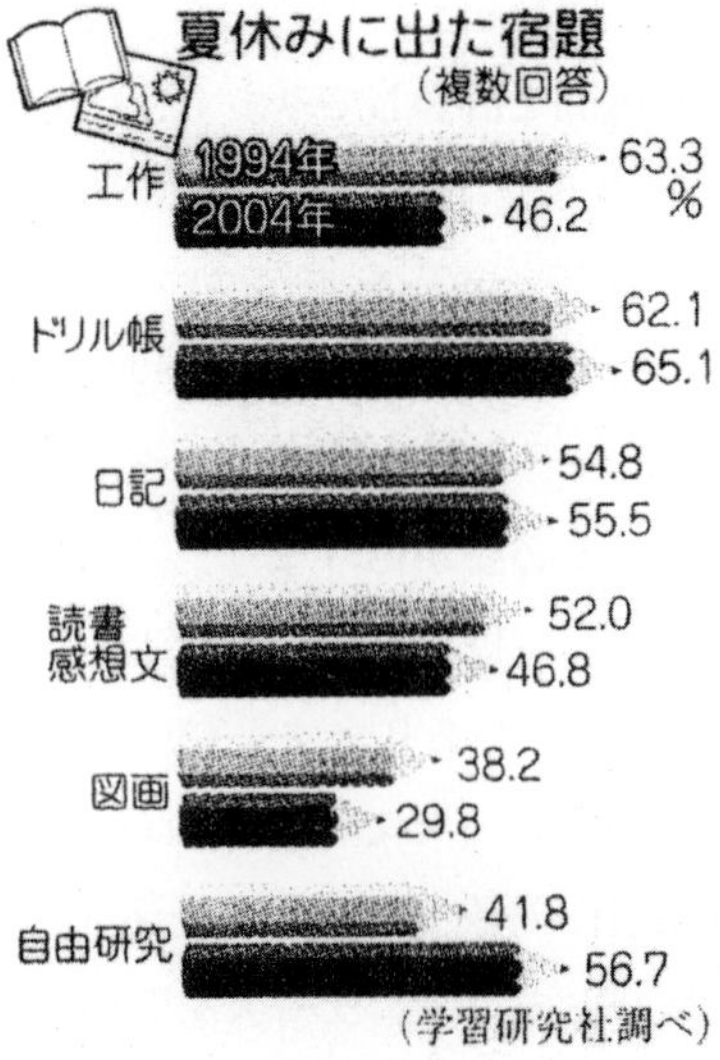


data でーた

**「宿題は自由研究」増加**

夏休みに自由研究を課す小学校は増加傾向にあるようだ。

学習研究社（東京）が月刊家庭学習教材の小学生読者を対象に調べたところ、夏休みの宿題に「自由研究」が出たと回答した子どもは2004年は56・7％（複数回答）で、1994年の41・8％から増えている。最多は「ドリル帳」の65・1％。94年に63・3％でトップだった「工作」は46・2％に減っている。

同社児童書編集部編集長の小泉隆義さんは「総合学習の授業が定着したため、子どもが自分でテーマを決めて調べる学習が、夏休みの宿題にも広がってきている」と分析している。

# 19 TV好きほど自民に投票

読売新聞2005年9月20日

調査対象はインターネット利用者1,000人です。これを1区分と思えば、対象者が1,000人ですから妥当な線ですね。30分未満しかTVを見ない人で自民へ投票したのが40％、3時間以上TVを見る人で自民へ投票したのが57％という結果でした。このとき、相当差があると思うでしょうが、すでに話したように誤差を考えてほしいのです。誤差範囲なのか、それとも誤差範囲を超えているのかを見ておきましょう。

ここで、95％信頼区間を計算してみます。自民への投票率を50％と仮定しますと、$2 \times \sqrt{50 \times 50 / 1000} = 3$％が誤差範囲になります。しかし、今のデータは17％（＝57－40）も差がついています。両者に3％を増減させても逆転しないので、信用性が高いと思って良いでしょう。

次に、TVを見る人ほど自民へ投票すると言うためには、傾向性（用量反応関係）を見ておく必要があります。グラフを見ますと、TV視聴時間が増えるほど自民への投票率が確かに上がっているようです。しかし、1点だけ不可解なことがあります。TVを見ていないという人では、投票率がまた高くなっているのです。これはどのように説明しますか。インターネット利用者が対象であることを考えますと、別にTVを見ない人でもインターネットでよくニュースを聞いたりしている人が多いためかもしれませんね。

# TV好きほど自民に投票

## 政権公約「大いに参考」16%に減

**ネットモニター** 本社調査

衆院選直後に読売新聞社が全国のインターネットの利用者1000人に行った「衆院選ネットモニター」の第3回調査結果が19日、まとまった。平日1日あたりのテレビ視聴時間が長い層ほど、おおむね自民党や小泉首相を支持する割合が高いことが分かった。

先の衆院選では、自民党が、郵政民営化法案に反対票を投じた候補者に対立候補を擁立したことがメディアで注目を集め、「劇場型選挙」とも呼ばれた。テレビの長時間視聴層の多くが実際に自民党を支持していたことが、裏付けられた。

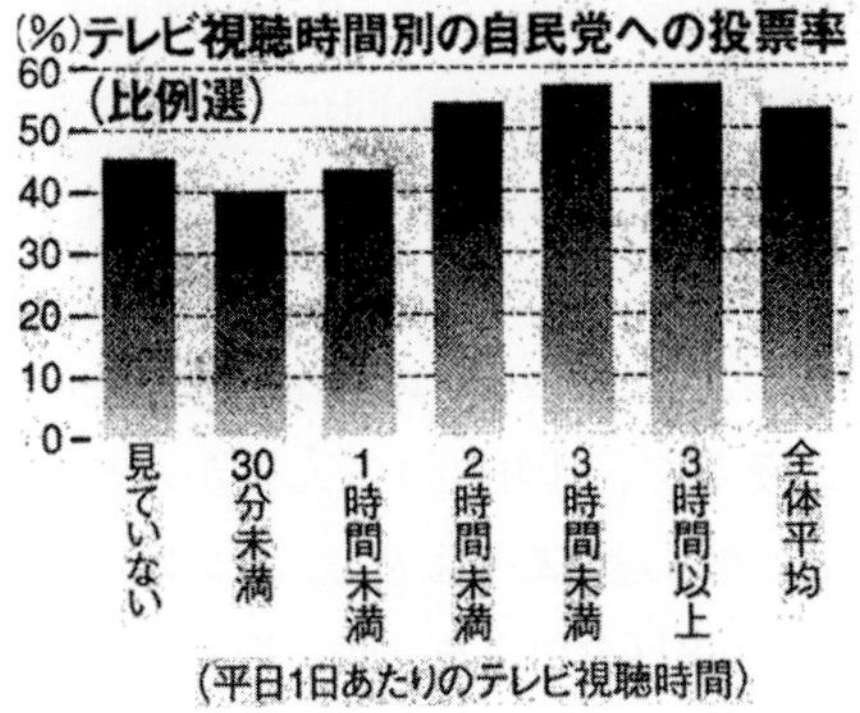


**●テレビ視聴時間**

衆院選比例選で投票した政党は、全体では、自民党53%、民主党24%、公明党8%、共産党、社民党が各4%、新党日本2%、国民新党1%の順だった。平日1日あたりのテレビ視聴時間別（視聴時間は衆院解散直後の第1回調査で質問）に見ると、30分未満の層では自民党に投票したのは40%だったが、3時間以上の層では57%に達した。

来年9月で自民党総裁の任期を迎える小泉首相については、全体では、「任期で辞める方がよい」が54%、「引き続き担当する方がよい」46%。テレビ視聴が30分未満の層では、「任期で辞める」67%、「引き続き担当」33%で任期いっぱい退陣論が主流だった。しかし、3時間以上の層では「引き続き担当」が53%に上り、「任期で辞める」は48%にとどまった。

# 20 鈍足：今の男の子

読売新聞2005年10月10日

この記事のソースは、文部科学省の2004年度「体力・運動能力調査」であることに気づきます。2004年5～10月の間に、6～79歳の男女72,800人を対象に実施したと書かれています。実際にはどのように対象者を抽出したと思いますか。皆さん、国勢調査をご存知かと思いますが、これにより国では1億2千万人の国民についての基本情報を把握していると思ったら良いでしょう。そこで、(国民に) なんらかの背番号を振り、抽出確率を設定して抽出したに違いありません。その際、男女・年齢 (歳) により全部で2×74＝148区分できますが、均等に抽出すれば1区分約500人ずつになります。

上のように均等ではなく、その区分の人口に比例して標本を選ぶこともあります。全体での推計をしたいときにこちらの方法をよく使います。たとえば、区分ごとに入院率などを算出し、それぞれの区分での人口で掛け算し、全部足し合わせて入院人数はどれくらいかを知るのです。

2004年度の調査自体は、一時点ですので横断研究です。横断研究を10年間、毎年実施したまとめですね。したがって、見かけ上は縦断研究のようですが、そうではありません。決め手は、同じ対象を毎年追跡しているわけではないからです。毎年異なる標本を用いて、運動能力の年次推移を見ています。しかも9歳の小学生だけだと1,000人程度ですから、標本変動があるかもしれません。すなわち、今年の小学生は鈍足と出たけれど、今年標本に選ばれた1,000人は鈍足の人が多かったのではないかという心配があります。しかし、統計学の知識によりますと、無作為に標本を抽出すれば母集団を反映することが知られています。したがって、そのような偏った解釈は考えにくいことになります。

# 鈍足 今の男の子

## 20年前の女児並み

### 文科省 体力調査

小学生の運動能力は低下が続き、9歳男子の50㍍走の平均記録は約20年前の9歳女子の水準にまで落ちたことが9日、文部科学省の2004年度「体力・運動能力調査」でわかった。専門家は「親の車で移動したり、室内で遊んだりすることが多くなり、子どもが運動する機会が減っているため」と分析している。

調査は2004年5月～10月、6歳から79歳の男女計約7万2800人を対象に実施。小学生～高校生については、運動能力低下が始まったとされる1985年度と、95～04年度の各記録を比較した。

それによると、85年度の9歳男子の50㍍走は平均9・40秒だったの対し、04年度までの10年間は、いずれも0・17～0・44秒遅い水準に低迷。04年度は9・69秒で、85年度の9歳女子の9・74秒とほぼ同タイムにまで低下した。立ち幅跳びの記録も、9歳男子は85年度より12・29㌢、9歳女子は9・73㌢短くなり、低下が続いている。ソフトボール投げの距離も、85年度の記録を毎年下回っている。

一方、中高生男子の50㍍走の記録は、85年度よりわずかに遅いが、ほぼ同水準を維持。13歳男子のハンドボール投げもほぼ同じ水準だった。中高生女子の50㍍走は、85年度より0・15～0・34秒遅くなっている。

中高生男子が運動能力を維持していることについて、同省生涯スポーツ課は、「部活動がある中高生は、運動する機会が多いからではないか」と分析。さらに、運動部への所属率は、中高生とも男子が女子よりも高いことから、運動部で日常的に運動をしている男子は運動能力を維持できている、とみている。

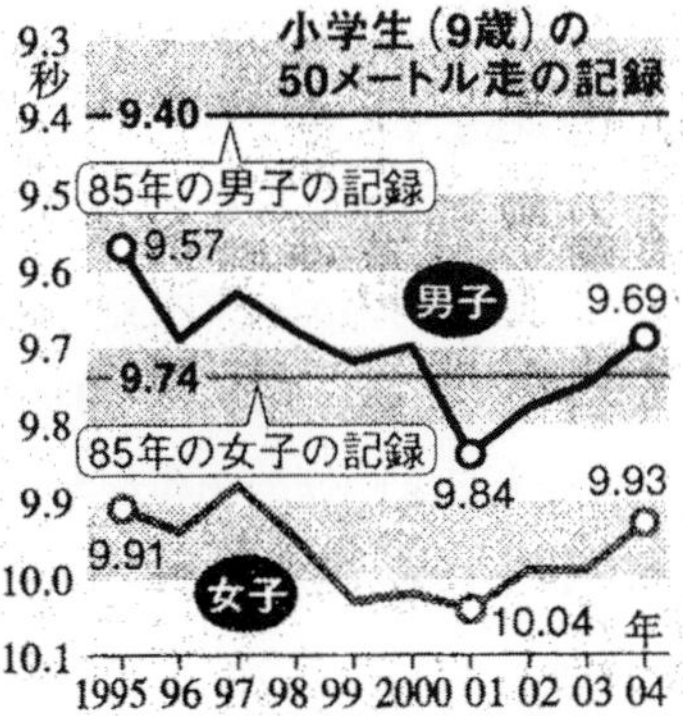


### 「成年」は元気 伸びた記録も

また、20歳から64歳までの「成年」では、男女とも「握力」がほぼ横ばい、「反復横跳び」は記録が伸びるなど、〝元気さ〟が目立った。調査を監修した順天堂大の青木純一郎副学長は、「健康のために運動をする人が増えているからではないか」と話している。

# 1　中年喫煙者は心臓発作にご用心

読売新聞1995年8月19日

ソースはブリティッシュ・メディカル・ジャーナル（BMJ）、すなわち英国医師会雑誌です。一般臨床医学雑誌としてはトップクラスです。30～40代の中年では、たばこを吸う人は吸わない人より心臓発作に5～6倍なりやすいという記事です。

研究デザイン（どのようにデータを取ったか）はいかがですか。まず、心臓発作による入院患者10,000人余りを聞き取り調査したと書いています。過去に振り返り、後ろ向きに喫煙状況を調べたものと思います。心臓発作を起こした人だけ調べて、喫煙のリスクがわかるものでしょうか。たとえば、10,000人を調べたところ、喫煙していた人が2,000人いたとわかったところで、リスクが5～6倍などわかりませんね。やはり、心臓発作を起こさなかった対照群（コントロール）でも同様に喫煙暦を調べないとわからないでしょう。たぶん、この研究はそうしていると思われます。そうだとしますと、研究デザインはケースコントロール研究の可能性が大ですね。

年代別のデータを見てみましょう。30代で6.3倍、40代で4.7倍、60代で2.5倍、70代で1.9倍になっています。50代は載っていません。若い人ほど喫煙の影響が大きいことがわかります。これは説明可能ではないでしょうか。若い人ほど新陳代謝が活発であり、たばこの影響が出やすいのでしょう。歳を取ってからたばこをやめても、あまり意味がないという意見とも整合したデータですね。また、タール量とは関係なさそうですから、ニコチンによる有害作用と思って良いのでしょうか。

# 30－40代喫煙者 心臓発作にご用心

## 英調査

## 確率5,6倍

【ロンドン18日＝共同】英医学専門誌ブリティッシュ・メディカル・ジャーナル最新号は、三十－四十代の中年喫煙者はたばこを吸わない人よりも心臓発作を起こす可能性が約五－六倍高い、との調査結果を掲載した。これまで中年喫煙者が心臓発作を起こす確率は非喫煙者の約三倍といわれていたが、調査ではるかに高い結果を示した。

英心臓財団など三団体が、心臓発作による入院患者一万人余りを対象に聞き取り調査したもので、この種の調査では同国で最大という。

調査結果によると、五十代の喫煙者は心臓発作を起こす確率が非喫煙者に比べ三・一倍、六十代で二・五倍、七十代で一・九倍と、従来の研究結果とほぼ同じ倍率となった。ところが三十代では六・三倍、四十代で四・七倍と、確率が跳ね上がった。

また、タール含有率の低いたばこを吸っても、心臓発作を起こす確率は低くならないことも分かったという。調査を担当したコリンズ医学博士は「今回の調査は多くの患者を対象としたので、信頼性は高い」と述べている。

# 2 ビタミンAの取りすぎにご用心

読売新聞1995年12月27日

この記事のソースはわかりますか。2段目に、米国医学誌「ニューイングランド・ジャーナル・オブ・メディシン」が見当たります。略してNEJMですが、これは臨床医学雑誌では世界一の雑誌です。

研究デザインはどうでしょうか。約23,000人の妊婦を対象に調査したと書かれていますが、これだけでは具体的なデザインはわかりません。でも、妊娠中のビタミンA摂取と分娩時の異常出産の関係を見ているわけですから、縦断研究には違いないでしょうね。実験研究は考えられませんから、コホート研究かケースコントロール研究でしょう。妊婦を調査という記載から、たぶんコホート研究ではないでしょうか。実際にこのオリジナル論文を調べましたら、やはりコホート研究でした。特定の期間に妊婦となった人を登録し、その後の食事と出生異常との関係を見た縦断研究です。

このようなコホート研究ではベースとなる人数が多いことも大切ですが、それと同時にエンドポイント（評価項目）—この場合のエンドポイントは異常出産です— が、何例起きたかも大切なポイントです。この記事には例数は載っていませんが、原著を見ますと339人とありました。エンドポイント数は2桁が最低ラインで、3桁あればかなり精度が良いことになります。

ビタミンAを1日あたり1万5千単位以上摂取した妊婦は、5千単位以下の妊婦よりも3.5倍、異常な赤ちゃんが生まれるという結果のようです。3.5倍はかなり大きな数字ですから、これから妊娠する予定の方は心配になるかもしれません。

それでは、1万5千単位のビタミンAとは、どのような食事か想像できますか。ビタミンAというとニンジンを思い出すかもしれません。ニンジン約300gが1万5千単位です。これはニンジン約3本になります。こんなに毎日食べませんよね。また、うなぎの蒲焼で言えば300gが1万5千単位ですから、うなぎの開き大1匹ではないでしょうか。

# ビタミンA 取りすぎにご用心

## 妊娠前後

### 赤ちゃんに異常の危険

妊娠前後のビタミンAの取り過ぎにはご注意——。厚生省は二十六日、妊娠前後三か月にビタミンAを過剰に摂取すると、先天性異常のある赤ちゃんが生まれてくる可能性が高くなるという米国の報告があるとして、製薬会社や健康食品メーカー、都道府県に注意を呼びかける通知を出した。

この措置は、米国医学誌「ニューイングランド・ジャーナル・オブ・メディシン」に掲載された論文をうけて決めた。同論文によると、約二万三千人の妊婦を対象に調査した結果、一日平均一万五千国際単位（IU）以上のビタミンAを摂取した場合、五千IU以下より三・五倍の確率で心臓などに異常を持つ赤ちゃんが生まれてくるという。また栄養剤で一万IU以上取った場合には、五十七人に一人の確率で赤ちゃんに異常が発見された。

この論文を受け、中央薬事審議会副作用調査会で検討した結果、「国内でも注意が必要」との意見がまとまった。このため同省では、ビタミンAを含む製剤については「妊娠前後の人は、一日五千IU未満にとどめる」と使用上の注意を改めるように、製薬業界に指示した。またビタミンAを含む健康食品などにも、一日一万IU以上を継続して取ると異常が現れる確率が高まるとして「過剰摂取しないように」と表示を行うようにメーカーに求めると同時に、栄養相談、指導の参考にしてもらうため都道府県へ通知した。

# 3 肺がん死リスク：禁煙20年必要

読売新聞2000年9月18日

これは名古屋大学の先生が、文部省（現・文部科学省）の科学研究費で実施されたコホート研究です。日本癌学会で発表されるということです。日本癌学会は定評ある学会には違いませんが、まだ論文発表されていませんから、それを待ちたいところですね。

どうしてコホート研究とわかったのかですが、「1998年から10年間、40～79歳の約11万人を対象に」という文章がきっかけです。この研究のエンドポイント（評価項目）は肺がん死です。肺がん死の記事では、実際に肺がん死が何人出ていたのかを見ましょう。数が多いほどその研究結果の精度は高いことになります。この研究では468人ですから、十分な精度の研究だとわかります。

非喫煙者に比べて禁煙者のリスクは2.36倍、喫煙者のリスクは4.46倍というデータが示されています。途中から禁煙しても、まだ肺がん死が高いようですね。さらに、禁煙期間が長いほどリスクは減っています。禁煙して0～4年の人では4.46倍であり、喫煙者と同じです。20年以上経つと0.97倍です。ここで、情報の信用性について注意点があります。まず、肺がん死は468人という数字があるから十分と言いましたが、ここではさらに区分けしてリスクを調べています。たとえば、禁煙して20年以上経過した人のリスクを調べています。この人たちの肺がん死が何件か、これが大切になります。

もう一つ注意があります。禁煙すると肺がん死リスクが減っていますが、かなり長期間喫煙していて、すでに高齢になってからの禁煙はどうでしょうか。長く禁煙をしないと効果が現れないなら、歳をとってから禁煙した場合は効果が出る前に亡くなりませんかね。

# 肺がん死リスク

## 吸わぬ人並みに下げるには―

# 禁煙20年必要

## 11万人追跡 文部省調査 「10年ガマン」やっと「2倍」に

たばこを吸う男性が肺がんで死亡するリスクを、吸わない人並みに下げるには、二十年以上の禁煙が必要なことが、文部省の研究費による大規模追跡調査（委員長＝大野良之・名古屋大医学部教授）で明らかになった。リスクは、一日に吸うたばこが二十本を超えると急激に上昇することも判明。早めの禁煙の重要性が浮き彫りになった。十月四日から横浜市で開かれる日本癌《がん》学会で発表される。

調査は、全国の研究者三十数人が、一九八八年から十年間、四十―七十九歳までの約十一万人を対象に実施した。このうち九七年末までに男性四万五千二人中四百六十八人が肺がんで死亡。肺がんで死亡するリスクは、非喫煙者に比べ、禁煙者で二・三六倍、喫煙者で四・四六倍だった。

禁煙後の肺がん死亡リスクは、〇―四年で非喫煙者の四・四六倍、五―九年で二・五三倍、十―十四年で二・〇一倍、十五―十九年で一・二三倍と下降し、二十年以上たって初めて〇・九七倍になった。過去の調査では、禁煙して十年強で喫煙前と同程度のリスクになると言われていた。

一日当たりのたばこの本数によるリスクは、〇―九本で二・二七倍、十―十九本で三・一四倍だが、二十―二十九本で四・九九倍、三十―三十九本で六・三七倍、四十―四十九本で九・五五倍、五十本以上だと十四・一倍にも達した。

大野教授は「リスクを下げるには、時間がかかる。できるだけ若いうちに禁煙を」と話している。

# 4 かぜ薬に脳出血副作用の成分

読売新聞2000年11月8日

市販のかぜ薬やダイエット（食欲抑制）薬の中に含まれている成分、PPA（フェニルプロパノールアミン）ですが、これに脳出血の危険があるというニュースが出ました。ソースは何でしょうか。ここでは米国食品医薬品局（FDA）とだけ書いてあります。FDAというのは、米国で医薬品および医療機器の審査をしている機関です。日本で言うと、医薬品医療機器総合機構に相当します。このニュースのもとは何かと言いますと、米国のイエール大学の研究者による論文でした。ケースコントロール研究という後ろ向き疫学研究によって、このことが指摘されたわけです。

この記事にはケースコントロール研究の詳細は書かれていませんが、これはケースである脳出血症例を病院から挙げ、それと年齢・性別などをマッチさせたコントロール症例を同じ病院から抽出します。そして、ケース群とコントロール群の患者すべてについて、過去にさかのぼりPPAの入った薬を服用していたかを調査したのです。ケース群でPPA服用者が有意に多かったのです。何倍多かったか、すなわちリスクの数値は示されていないのでわかりません。

米国FDAは、すぐさま製造中止などの措置をとりましたが、日本はそのままでした。その理由として、日本のかぜ薬にPPAが含まれているものもありましたが、その量が少なかったからのようです。PPAが多く含まれていたのは、日本では販売されていなかったダイエット薬だったのです。しかし、個人輸入は自由なので、そのような薬を飲んでいる人は要注意ですね。しかし、マスメディアはそれほど注意を喚起していませんでした。

## かぜ薬に脳出血 副作用の成分

### 米で製造差し止め

【ワシントン6日＝館林牧子】米食品医薬品局（FDA）は六日、市販のかぜ薬やダイエット薬の一部に含まれる「フェニルプロパノールアミン（PPA）」が脳出血の副作用を起こす危険性があるとして、この成分が入った薬の製造を差し止めると発表した。法的な措置を取るために数か月要するため、FDAは製薬会社や小売会社に対し、店頭からの引き揚げも要望した。

PPAは、かぜ薬だけでなくダイエット用の食欲抑制剤としても米国内の薬局で販売されている。医学的な効果が認められている食欲抑制剤の中では、処方せんなしで買える唯一の薬として、日本からもインターネット上などで個人輸入の紹介が行われている。

◇

厚生省によるとPPAは、国内でも大手製薬会社が市販している多くの鼻炎薬、せき止め、風邪薬に含まれている。同省はイエール大の論文を入手、対応を検討しているが、風邪薬の服用については、論文でもはっきりと危険性を示す数値が出ていないなどの理由から、現段階では製造差し止めなどの措置はとらないとしている。

# 5 どうなの？「緑茶のがん予防効果」

読売新聞2001年3月3日

お茶ががんを予防するというのですが、そのメカニズムはわかりますか。お茶の成分であるフラボノイド、カテキン、ビタミンC、カフェインなどが良い作用を示したことは、動物実験レベルで明らかのようです。しかし、人間についてはわかりませんし、がん予防はカテキンの作用なのでしょうか。

この記事には2つの情報が入っています。1つは埼玉県立がんセンターによるコホート研究です。1986年から40歳以上の男女約8,500人を、'97年まで11年間追跡した研究です。もうひとつは東北大学によるコホート研究です。40歳以上の男女2万6千人を1984年から9年間追跡した研究です。前者では、1日3杯以下の人に比べて10杯以上お茶を飲む人ではがんのリスクが0.54でした。後者では、1日1杯未満の人に比べて5杯以上飲む人ではがんのリスクが1.2倍でした。どうしてこのように食い違う結果になったのでしょうか。また、どちらの研究結果のほうを信じたら良いでしょうか。

埼玉県のコホート研究は8,500人を11年間追跡ですので、約10万人年の情報量です。宮城県のコホート研究は26,000人を9年追跡ですので、約25万人年の情報量です。このように、コホート研究では人数と追跡年数を合わせて考えましょう。情報量だけを見ますと、宮城県のほうの信用性が高いことになります。がんになった人は何人だったでしょうか。埼玉県では488人ですが、宮城県では書かれていません。しかし、それ相応のがんが発生していたことは確かでしょう。次に、お茶を飲む量の分類が違うことに気づくでしょう。コントロールにしているグループが、埼玉県では3杯以下、宮城県では1杯未満（つまり飲まない人）と異なっています。もしお茶にがん予防効果があるとしたら、まったく飲まない人をコントロールにしたほうが効果は出やすいはずです。それにもかかわらずお茶の効果が出ていないので不思議ですね。

また、お茶の効果として、埼玉県では10杯以上でがんは半減したと言っていますが、宮城県では5杯以上をひとまとめにしています。相当お茶を飲まないと、予防効果は出ないのかもしれません。しかし、10杯以上飲む人がどのくらいいると思いますか。100人に1人が1日10杯以上飲むとしても、8,500人の中の85人にすぎません。1区分1,000人という目安を述べましたが、少し足りないようなので、10杯以上の予防効果を強く言えないような気もします。

## どうなの？「緑茶のがん予防効果」

# 過度に期待せず 何より生活習慣

国際的にも注目を浴びる「緑茶のがん予防効果」説に異を唱える調査結果を、東北大医学部の研究者たちが発表した。

科学部 中島 達雄

緑茶の効用については、さまざまな説が流布している。緊張を和らげたり、血圧を下げたり、口臭を防いだりという具合だ。緑茶中の成分であるフラボノイドやカテキン、ビタミンC、カフェインなどの機能を動物実験で確認した例も多い。

がん予防効果は、その中でも大きな期待がかかる効用の一つだった。なにせ、国民の三人に一人ががんで死亡する。

きっかけとして有名なのは、お茶の産地でもある埼玉県の県立がんセンターの研究だ。

一九八六年に県内の四十歳以上の男女約八千五百人に、「一日に何杯のお茶を飲むか」と質問、その後を追跡した。九七年までの十一年間に、がんになった人は四百八十八人。がんになる危険性は、一日三杯以下のお茶を飲む人を一とすると、十杯以上は〇・五四と低かった。その予防効果は、肺がんで高く、大腸と肝臓、胃のがんでも期待できるとの結論だった。

これを裏付ける研究は、その後も続き、それを踏まえ、世界がん研究基金と米がん研究機構は九七年の報告書で、お茶は胃がんのリスクを低下させる可能性がある、とうたった。お茶に対する期待は高まり、米国ではこの三年で、お茶の売上高が四十倍に跳ね上がった。

いわば定説化した効用だが、東北大の坪野吉孝講師たちが、これに疑問をはさむ研究成果を一日発行の米医学誌に発表した。宮城県内の四十歳以上の男女約二万六千人を八四年から九年間調べた。胃がんの危険性は、一日一杯未満の人を一とすると、一―二杯で一・一倍、三―四杯で一・〇倍、五杯以上で一・二倍だった。お茶を何杯飲んでも危険性は変わらないとの結論だ。

お茶に期待する研究者は、これに冷たい。緑茶の成分の予防効果の実証試験を米国の大学と共同で九七年から進めている清涼飲料水メーカーの伊藤園は、「粛々と研究するだけ」という。

埼玉県立がんセンターの藤木博太参事も「うちの調査では、一日十杯以上でないと差が出ない。東北大の調査は五杯以上がひとまとめで、効果が見えないのは当たり前」と反論する。

真っ向から対立した形だが、もともと、こうした効用を確かめるのは容易でない。特にがんは、食事や生活習慣など、さまざまな要因が引き金になり体の遺伝子が傷ついて起きる複雑な病気だから、お茶だけに絞った調査で、どこまで確定的なことがいえるか。調査の対象となった人も、住んでいる場所やお茶以外の食生活は大きく異なるはずだ。喫煙者だとすれば、お茶の効用など吹き飛ぶだろう。

国立がんセンター（東京都）が提唱している「がんを防ぐための十二か条」は、飲酒をほどほどにし、喫煙や食べ過ぎを避けるなど、生活習慣そのものの見直しを予防の柱にあげている。その作成に携わった杉村隆名誉総長は、「バランスのとれた栄養を取り、毎日、変化のある食生活を送るなど、普通のライフスタイルが結局、予防につながる」と強調する。

がんを予防する特効薬はない。お茶の効用に期待しつつも、その当たり前のことを踏まえて生活する方が、なにより大事といえそうだ。

# 6 酒の合わない人：食道がんの確率60倍

読売新聞2002年9月29日

ソースは何でしょうか。国立療養所久里浜病院と国立がんセンターなどの共同調査のようであり、日本癌学会で発表されるようです。

アルコールを分解する酵素の少ない人がいることは、皆さんご存知でしょう。お酒を飲むとすぐ真っ赤になる人がいますね。ここではそうではなく、食道がんの危険もあるというのです。これは聞いたことがありません。

どうしてかというメカニズムはさておき、この研究デザインはケースコントロール研究というものです。食道がんのケース247例を選定し、それと喫煙状況・年齢・性別などでマッチングさせたコントロール634例で、ケースコントロール研究を行っています。1例のケースについて、3例のコントロールをマッチさせたようです。コントロールは通常たくさんいますが、1：10などアンバランスな比率でマッチングするのは良くありません。また、あまりに多くの要因でマッチングするのも勧められません。

ケース247例とコントロール634例に対して、後ろ向きに履歴、1日当たりのお酒を飲む量とALDH2遺伝子の型を調べています。その結果をまとめると、下の表になります。このように、ALDH2遺伝子が食道がんのリスクになっているとともに、お酒の量がそのリスクを倍増させていることにも気づくでしょう。

| 1日当りのお酒の量 | ALDH2遺伝子（の働き）が弱い人の食道がんリスク |
|---|---|
| ＜1.5合 | 6倍 |
| 1.5～3合 | 61倍 |
| 3合～ | 92倍 |

## 食道がん 確率60倍

### 酒の合わない人 毎日1.5合超えると

酒にあまり強くない人は、一日に日本酒一・五―三合程度でも、強い人に比べ六十倍も食道がんになりやすいことが、国立療養所久里浜病院、国立がんセンターなどの共同調査でわかった。来月一日から東京都内で開かれる日本癌学会で発表する。飲酒後、体内では、アルコールをアセトアルデヒドに分解する酵素(ADH2)と、アセトアルデヒドを酢酸にする酵素(ALDH2)の二つが働く。少量の飲酒で顔が赤くなるのは、ALDH2遺伝子の働きが弱く、酵素が生まれつき少ない人だ。

研究班は、食道がん患者二百四十七人と健康な人六百三十四人の飲酒の習慣とALDH2遺伝子の〝型〟を調べた。この遺伝子の働きが弱い人は、強い人と比べると、一日の飲酒量が一・五合以下の人で六・〇倍、一・五―三合程度だと六十一・二倍も食道がんになりやすかった。三合以上の飲酒習慣だと九十二・七倍に跳ね上がった。この遺伝子の働きが弱い人は日本人の三―四割にのぼるとみられる。横山顕・久里浜病院消化器科医長は「内視鏡検診早期受診者の選定に役立てたい」と話している。

# 7 正しい生活習慣で痴呆*予防

読売新聞2002年11月17日

この記事にも2つの情報源が入っています。1つはロッテルダムのコホート研究です。55歳以上の住民5,000人を追跡調査した研究です。もうひとつは自治医科大学によるケースコントロール研究です。コホート研究は前向き研究ですから、一般的にはコホートのほうが信用性は高いです。

ロッテルダムのコホート研究では、魚を平均1日18.5g（さしみ2切れ程度）以上食べているグループは、そうでないグループよりもアルツハイマー病の発症率が低いことがわかったようです。どの程度低かったかを示していないのは残念ですね。

自治医科大学のケースコントロール研究では、アルツハイマー病の患者64人と健常者80人の食生活・栄養状態を調べたところ、アルツハイマー病の人では魚や緑黄色野菜・海草の摂取が少なかったというのです。こちらも、どのくらい少なかったかの情報が載っていないのが少し残念ですね。

食生活が重要ということはわかったのですが、それ以外に軽い運動もアルツハイマー病の予防に良いと書かれています。とくに、フリフリグッパーという体操が紹介されています。しかし、これについても数値が示されていないので（アルツハイマー病の予防効果は）本当なのでしょうか。そして、運動は食事とは独立（無関係）な要因として重要なのでしょうか。

*痴呆：現在では認知症と呼ばれる。

# 正しい生活習慣で痴呆予防

最近、いろいろな調査から痴呆も、ある程度予防できると考えられるようになってきました。魚や野菜を食べ、定期的な運動をするなどの生活習慣が予防に効果があることがわかり、さらに科学的なデータを集めるため、厚生労働省の研究班が調査研究に乗り出しました。痴呆の予防にいいライフスタイルは、いつまでも元気に生活するために大切なことばかりです。一度、自分の暮らし方を見直してみませんか。

（斎藤　雄介）

ゆうゆうエージ

## 軽い運動で脳活性化

筑波大体育科学系助教授の征矢《そや》英昭さんが、先日、茨城県利根町保健センターで、約百人のお年寄りを前に「フリフリグッパー」というおもしろい名前の体操を披露していました。音楽に合わせて、十分間ほど足踏みしながら腰を振り、同時に両手をグー・パーと開け閉めして手拍子を打つという簡単なものです。

運動や睡眠、食事の内容などを指導し、どのような効果があるかを調べる全国的な痴呆予防研究の一環として、征矢さんは運動について調査しています。

「踊りなどの軽い運動で脳が活性化することはわかっています。一人一人の健康状態に合わせ無理なく運動をすることで、痴呆予防に効果があることを立証していきたい」と征矢さん。

## 食生活　緑黄色野菜や魚、積極的に

アルツハイマー病は、遺伝子が発病の重要な原因になっていますが、一部には食生活など生活習慣がかかわっていることが、各種の調査でだんだんとわかってきています。

＊　＊

一九九七年に発表されたオランダ・ロッテルダムの調査では、五十五歳以上の住民約五千人を調査したところ、魚を平均一日十八・五㌘（さしみ二切れ程度）以上食べていたグループは、三㌘以下しか食べなかったグループより、アルツハイマー病の発症率が低いことがわかりました。

同様に、果物と野菜をよく食べていた人は、アルツハイマー病と脳血管性痴呆の両方の発症が少ないという効果も認められました。

日本では自治医科大大宮医療センター教授（神経内科）の植木彰さんが、アルツハイマー病の患者六十四人と健常者八十人の食生活と栄養を調べた結果があります。それによると、アルツハイマー病の人は、魚や緑黄色野菜、海藻の摂取が少なく、逆に肉の摂取が多かったのです。

「患者の場合、偏食が目立ちました。十分なビタミン、ミネラル類も摂取できていないと考えられます」と植木さんは指摘します。

＊　＊

アルツハイマー病の原因はまだわかっていませんが、進行に関係すると見られる物質がわかってきています。緑黄色野菜に含まれるベータカロチン、魚の脂質に含まれるDHA（ドコサヘキサエン酸）やEPA（エイコサペンタエン酸）が、こうした物質の発生を抑える効果があると考えられています。若いころから食生活で守るべきことを、一覧にまとめました＝左＝。

**食生活で心がけること**

①食べ過ぎや極端な小食はだめ②甘いものばかりもいけない③緑黄色野菜を食べる④肉と魚をバランス良く。肉を食べたら、次の食事は魚に⑤水を十分飲む

（植木教授による）

## 昼寝は30分以内　長過ぎは逆効果

アルツハイマー病と睡眠の関係についての調査もあります。筑波大臨床医学系教授の朝田隆さんの研究では、三十分以内の昼寝の習慣があると発症率は下がるが、六十分を超えると逆に発症率が高くなります。「長く昼寝をすると、睡眠のリズムが悪くなり、夜眠れなくなる。それが脳の機能低下に結びつく。日中に運動して、夜中の睡眠の質を高めることで、痴呆の予防になると考えられます」と朝田さんは話します。

### 調査、一万人対象に

今回の研究は、筑波大教授の朝田さんを主任研究者にして、国内八つの機関が担当。全国数か所で六十五歳以上の高齢者約一万人を対象に行われます。日本人を対象にした大規模な研究調査が行われることで、科学的な根拠をもとに痴呆予防を進めることができるようになると期待されています。

# 8 「躁鬱（そううつ）病」の発症率4.6倍

読売新聞2003年9月1日

この記事のソースは「ネイチャー・ジェネティクス」です。「ネイチャー」は「サイエンス」と並び、基礎医学ではトップ2の雑誌であり、遺伝子に関する研究だけを載せた雑誌です。躁うつ病の遺伝子を見つけた研究ということは、躁うつ病は遺伝するというのでしょうか。このように興味をもって読み進めると良いでしょう。

研究デザインはどういったものでしょうか。家族の中で1人だけが躁うつ病にかかった、一卵性双生児を対象にしています。たとえば、一卵性双生児の兄弟あるいは姉妹がいて、兄は躁うつ病だけど、弟は躁うつ病ではないというような家族です。一卵性双生児2組を対象にしたと書かれていますので、単に4人の遺伝子を調べただけのようです。一卵性双生児ということもあり、ほとんどの遺伝要素・環境要因は似ていると想像されます。つまり、きわめて精巧にマッチングをしたケースコントロール研究と考えられます。遺伝子は多数ありますが、ここでは約1万3千もの遺伝子を調べたようです。その結果、1つの遺伝子、XBP1というタンパク質が少ないと躁うつ病になると結論しています。

XBP1を作る働きが弱い人は、強い人に比べて4.6倍躁うつ病になりやすいという結果は、上記の研究とは別の研究のようです。たった4人のデータから4.6倍というリスク値は、到底得られないからです。よく読みますと、2段目の最後あたりですが、他の患者らを広く調べたと書かれています。

# 「躁鬱病」発症率4.6倍

理化学研のチーム解明

人口の1%がかかるとされる躁鬱《そううつ》病の発症には、細胞内に発生した異常なたんぱく質を修復する仕組みの不調が関係していることを、理化学研究所の加藤忠史博士のグループが解明した。成果は一日発行の米科学誌「ネイチャー・ジェネティクス」電子版に掲載される。

加藤博士は、一人だけが躁鬱病にかかった二組の一卵性双生児の遺伝子約一万三千種の働きを分析。発症した人は、「XBP1」というたんぱく質の合成量が少ないことを突き止めた。XBP1は、細胞内の異常たんぱく質を修復する働きがあることが知られている。

この結果をもとに他の患者らを広く調べたところ、XBP1を作る働きの強い人と弱い人に分かれることが判明。「弱い人」は、「強い人」の四・六倍も躁鬱病にかかりやすかった。また、これまで躁鬱病の治療薬として経験的に使われてきたバルプロ酸（商品名「デパケン」など）は、XBP1の機能低下を回復させることが薬効の原因であることも、初めて分かった。

加藤博士は、「今回の成果により、よく効く薬を開発したり、感情をコントロールする仕組みそのものが解明できる」と話している。

## ■異常たんぱく質発生後
## 修復役のたんぱく質少ないと——

**躁鬱病**　気分が高揚した「躁」や沈んだ「鬱」が、生活の仕方とは深い関係もなく繰り返し現れる。生涯にわたる治療や予防が必要で、重くなると一か月ほどで激しく躁鬱が入れ替わる。ストレスが原因の「鬱病」と共に自殺率が高く、合わせて「気分障害」と呼ぶ。

# 9 未破裂脳動脈瘤を考える：「破裂率ゼロ」の衝撃

読売新聞2003年11月7日

ソースは何でしょうか。1段目の後半に「英国の有名な医学誌ランセット」と書かれています。その通り、「ランセット」は米国の「ニューイングランド・ジャーナル・オブ・メディシン（先出）」と並んで、臨床医学雑誌の最高峰です。

人間のデータか動物のデータかについては、読んでいくとすぐに、人間のデータだと気づくでしょう。それでは、人間を対象にした実験でしょうか、それとも調査でしょうか。1段目の後半に、「・・・大規模調査が発表された」とありますから、調査ではないかと思います。記事の中ほどの図の下の説明を見てください。「91〜98年に発見された1,692人の未破裂脳動脈瘤を経過観察した」とありますから、1,692人の患者さんを前向きに追跡したコホート研究だとわかります。ご丁寧にも、前向きと後ろ向き調査の違いが説明されています。基礎編で述べましたが、前向き調査のほうがいろんなバイアスや誤差が入りにくい、信頼性の高い調査と言えます。

この記事のポイントは、「5年間の破裂率は、7ミリ未満ならゼロ」（1段目最左）という箇所です。分子がゼロであったら完全に安全かというと、そうではないことに気をつけましょう。基礎編で「3の法則」を説明しましたが、もし分母が100例しかないとすると、分子がゼロ例であっても最大3％（つまり100人中3人）まで破裂するかもしれないということです。分母が仮に1,000例だとすれば、最大で0.3％の破裂を考えておかないといけません。実際にゼロなのに、どうして破裂が起こることがあるのでしょうか。カテーテル検査で今まで血管を傷つけ、死亡した症例が1例もない病院で、その検査を受けるときを考えてください。今までは確かにゼロかもしれませんが、次に起こらないとは限りませんし、そこと同様の病院ではすでに起こっているかもしれません。病院が違えば、偶然にして結果は変わることがあるということです。統計学は、目先のデータで一喜一憂してはいけないことを教えてくれます。

# 医療ルネサンス

通算3233回

## 未破裂脳動脈瘤を考える

□□3□□

# 「破裂率ゼロ」の衝撃

千葉県のB子さん(65)は三年半前、左中大脳動脈に直径八ミリの未破裂動脈瘤《りゅう》が見つかった。同県船橋市立医療センター脳神経外科部長の唐沢秀治《じ》さん(51)は「十ミリまでの瘤は、経過を見て大きくならなければ破裂の危険は少ない。経過を見ていきましょう」と説明。海外の論文や治療指針なども紹介した病院独自の詳しい説明文書も渡した。

半年に一度検査を受けているB子さんは「なるべく手術はしたくないし、きちんと説明を聞けて良かった」と安心している。

### 小さく、前方なら

今年七月、英国の有名な医学誌ランセットで、欧米のグループによる未破裂動脈瘤の破裂率に関する大規模調査が発表された。脳には十数本の大きな動脈があるが、B子さんのような中大脳動脈、前大脳動脈など、前方循環と呼ばれる部位にできた未破裂動脈瘤の五年間の破裂率は、七ミリ未満ならゼロ。七―十二ミリで2・6%だった。

一方、後大脳動脈など後方の動脈にできた瘤は破裂しやすく、七ミリ未満で2・5%、七―十二ミリで14・5%だった。

唐沢さんは「衝撃的な内容だ。七ミリ未満の前方循環では、瘤が大きくならず形の異常がない限り、治療の必要はなくなる」と話す。

同センターでは、原則として十ミリまでの瘤は経過を見ることにとどめるが、その根拠がより強まったという。

日本でも国立病院が中心となって、五ミリまでの小さな瘤を経過観察する調査も三年前から進んでいる。複数の瘤を持つ人では、三百十八個中四個が破裂したが、瘤が一個だけの場合は破裂はゼロだった。

破裂率に関しては、世界的に活発な議論が行われている。これまでは様々な研究から、部位を問わなければ破裂率は年1%前後との見方が広まっていた。

海外の大規模調査について、日本脳ドック学会理事長の端和夫さん（札幌医大名誉教授）は「観察した瘤が少なく、観察期間も短い。より精度の高い調査が必要だ」と批判的だ。

### 無用な手術減る？

このため破裂率に決着をつけるべく、大規模調査は日本でも進んでいる。十月の日本脳神経外科学会では、全国約四百施設で六千八百個の瘤を経過観察した中間報告での破裂率は年0・68%と発表された。一万個まで観察数を増やし、三年後までに分析を進めて部位別の破裂率や治療成績もまとめる予定だ。

厚生労働省の研究班で、未破裂動脈瘤の治療方針作りを進めている国立京都病院脳神経外科医長の塚原徹也さんは「どんな瘤が破れやすいかをはっきりさせることは、無用な手術を減らすことになる。危険度に応じた指針を作るのが急務だ」と話す。

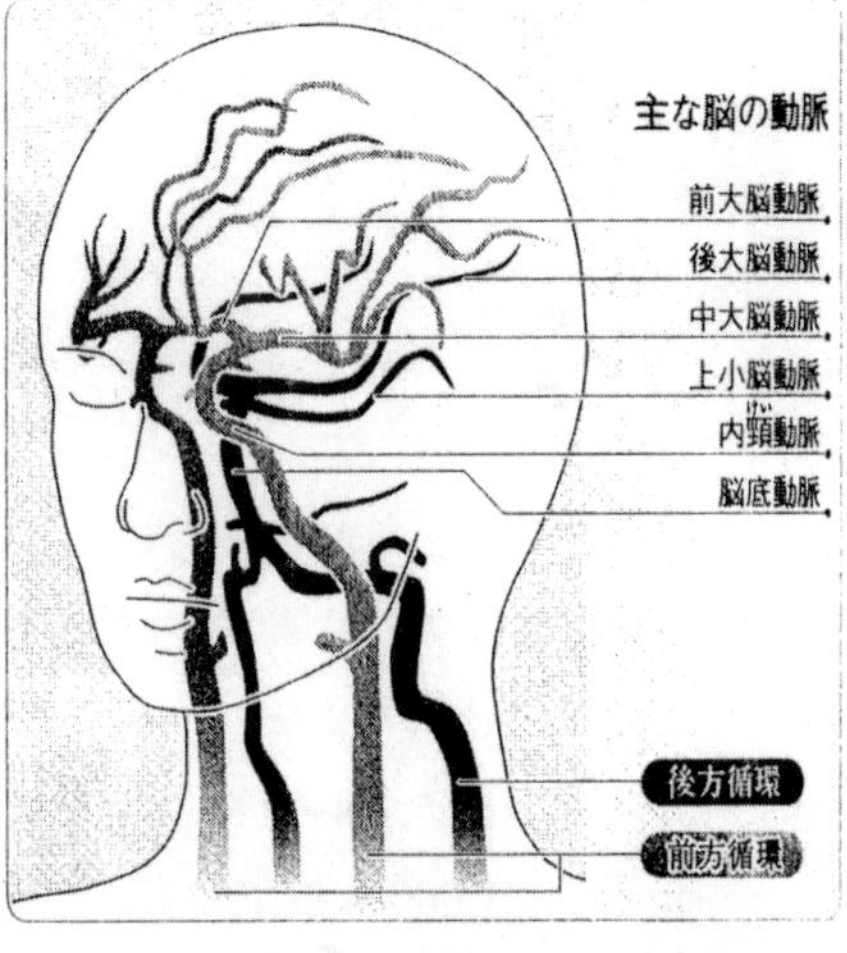


ランセットの論文　91―98年に発見された1692人の未破裂動脈瘤を経過観察した。瘤の大きさは2ミリ以上7ミリ未満が1049人と大半を占める。受診時点から経過を追うため「前向き調査」と言われ、病歴や治療歴を振り返る「後ろ向き調査」より調査の漏れが少なく信頼度が高い。

過去の記事は http://www.yomiuri.co.jp/iryou/renai/index.htm でご覧になれます

# 10 パーキンソン病：男性は女性の1.5倍発症

読売新聞2004年4月5日

ソースは何でしょうか。英国の脳神経学会専門誌ですね。米国バージニア大学の研究チームの成果です。

研究デザインはどうでしょう。2段目前半に、「7本の論文のデータを分析し直した」とあります。オリジナル研究7つの結果を統合した解析ですが、このような研究デザインを「メタアナリシス（統合解析）」と言います。それでは7つの研究はどのようなデザインでしょうか。パーキンソン病の発症率およびその危険因子を調べていますので、縦断研究に違いありません。たぶん、コホート研究でしょうね。

結果はどうでしょう。7地域のデータを統合したところ、男性の発症率は女性の1.49倍でした。このようなコホート研究で重要な情報は、追跡された総人数とパーキンソン病の発症数ですが、それについては見られません。ただし、フィンランドだけは10万人当たり男性は21.5人という記載があります。21.5人発症というのは変なので、たぶん43人なのかもしれません。そうしますと20万人追跡したのかなとも思われます。20万人というのはきわめて大きなコホート研究です。コホート研究では1,000人以上で並、1万人以上で相当、10万人以上は大規模というのが印象ですかね。

それでは、どうして男性のほうがパーキンソン病になりやすいのでしょうか。3つの説明が挙がっています。1番目は、頭部外傷が男性に多いからという交絡（こうらく）です。2番目の女性ホルモンというのは説明になるでしょうが、女性ホルモンがどうしてパーキンソン病を抑制するのでしょうか。脳内の神経伝達物質であるドーパミンが減るとパーキンソン病になるので、女性ホルモンが本当にドーパミンを産生させるのでしょうか。まだよくわかりません。3番目は、男性のほうが遺伝子変異を起こしやすいというものですが、これも素人にはよくわからないかもしれません。

発症率1.5倍は大きいでしょうか。受動喫煙による肺がんのリスクが1.3倍程度と言われていますから、それより少し大きい程度です。また、男性で発症率が1.5倍というだけなら、国内のパーキンソン病患者10万人の男女比を調べれば、それが本当かどうかはすぐわかるでしょうね。

## パーキンソン病 男性の発症率 女性の1.5倍

### 米研究チーム発表

手足の震えや筋肉のこわばりなどが起こる難病「パーキンソン病」は、男性が女性よりも一・五倍発症しやすいという調査結果を米バージニア大の研究チームがまとめ、英国の脳神経学専門誌最新号に発表した。

研究チームは、米国や中国、欧州などでパーキンソン病の発症数を調べた七本の論文のデータを分析し直した。その結果、七地域のうち六地域で男の方が発症率が高く、フィンランドの十万人当たりの年間発症数は、女が十一人なのに男は二十一・五人だった。七地域のデータを総合すると、男性の発症率は女性の一・四九倍に達した。

原因としては、男性の方が①毒物や頭部外傷にさらされる確率が高い②神経を守る女性ホルモンの量が少ない③異常を起こす遺伝子変異が発現しやすい――などが考えられるという。

パーキンソン病は脳内の一部神経細胞に異常が生じて神経伝達物質「ドーパミン」の量が減ることにより起こる病気で、元プロボクシング世界王者のモハメド・アリさん、俳優のマイケル・J・フォックスさんらも患者。国内患者は十万人以上いる。

# 11 ジェットコースター「乗り過ぎ危険」：脳や脊髄障害の恐れ

読売新聞2004年5月14日

これは千葉県にある亀田総合病院の医師による研究です。日本神経学会の報告ですから、まだ論文にまでなっていないようです。

ジェットコースターによく乗る大人3人が、脳や脊髄に障害を起こしていることを見つけ、それを報告したようです。この3人について過去の状況を調べたようです。その結果、1日に4～10回もジェットコースターに乗った20代の大人3人で、乗った後に頭痛やしびれを感じたようです。これはいわゆるケースシリーズと言われる研究デザインですが、見方によっては後ろ向きコホートと言えるかもしれません。たった3人での結果なので、まだ何とも言えないかもしれません。ジェットコースターの乗り過ぎで脳障害という因果関係を主張するには、少し弱いと言わざるを得ないでしょうね。

これら3人は、元々脳障害を起こす素因はなかったようです。これで交絡の可能性は否定されるでしょう。また、外国でも10人以上の報告があるようですので、もしかすると真実かもしれません。このように、問診で思い当たるものがなかったので、ジェットコースターが原因と思ったのでしょう。メカニズムについても説明されています。強い重力と遠心力により硬膜下血腫を起こすというのです。

違う例ですが、タミフルというインフルエンザ治療薬で小児が異常行動を起こし、以前事件になりました。小児の異常行動はタミフルの副作用だと訴えた人もいましたが、これは薬のせいではなく小児の精神的問題と片付けられました。このような副作用は3例でも重要なのですが、因果関係の立証は少し難しいと言わざるを得ないでしょう。

ジェットコースター
# 「乗り過ぎ危険」

# 脳や脊髄 障害の恐れ

## 千葉の病院発表

ジェットコースターに繰り返し乗るのは危険！――遊園地で人気の大規模ジェットコースターに一日何度も乗った大人三人が、脳や脊髄《せきずい》の障害を起こしていたことを十三日、亀田総合病院（千葉県鴨川市）の福武敏夫・神経内科部長が、東京都内で開かれている日本神経学会で発表した。

福武部長によると、この三件は一九九八年以降に起き、いずれも二十歳代の成人で、一日に四回から十回以上乗った後、慢性的な頭痛や手のしびれなどが見られた。

うち二人は、脳を包む硬膜の内側に出血が起こり血の塊ができる硬膜下血腫《けっしゅ》になっていた。もう一人は脊髄中心部に空間ができて知覚障害を起こしていた。

硬膜下血腫は、脳の硬膜内を通る静脈が、乗車中の強い重力、遠心力によって切れたためとみられる。脊髄障害の原因はよく分かっていないが、繰り返し強い重力が加えられた影響が考えられるという。子どもの場合は血管や脳の発達が未熟なため、大人以上に障害が起こりやすくなる可能性がある。

福武部長は「ジェットコースターがどんどん過激になるのも問題だが、乗る回数を制限すべきだ。外国でも十件以上の障害報告が出ている。乗車後に体調不良が続いたら、医師の診察を受けてほしい」と話している。

# 12 1日にたばこ10本：肝臓がん再発率2倍

読売新聞2004年5月17日

この記事のもととなる研究のデザイン型はコホート研究で、「131人を追跡調査」という記事から想像できます。ソースは北里大学の調査ですが、どこで公表したかのソースはわかりません。コホート研究では時間経過がありますので、因果関係まで調べることが可能です。ここでは原因として喫煙、結果としては肝臓がんの再発です。肝臓がんの治療をした131人をその後追跡調査して、結果として肝臓がんの再発を調べています。

131人によるコホート研究は少ないと見るのが常識的ですが、単に対象となった人数だけでなく、肝臓がんを再発した人数も大切です。この調査では73人も再発していますので、そんなに少なくはありません。

原因としていろいろ考えられるでしょうが、ここではたばこに焦点を当てています。たばこを1日10本以上吸っている人では、1.8倍再発のリスクがありました。73人再発していますので、単純計算により高リスク群で48人、低リスク群で25人くらいでしょうか。この1.8倍というリスク情報ですが、95％信頼区間を用いますと、1.3～2.7倍と計算されます。

ここでは再発率に関してリスク比を計算していますが、本当は再発するまでの日数も大切ではないでしょうか。同じ再発するにしても、治療後すぐに再発するほうが、後のほうで再発するよりも高リスクのように思えます。このような分析をするときには、リスク比の代わりにハザード比という指標を使います。リスクというのは再発が起きれば同じですが、ハザードでは再発でも早めのものか遅めなのかを考えます。早めの方がハザードは大きくなります。

# 1日に 10本
# 肝臓がん再発率2倍

治療して肝臓がんの病巣が消えても、一日にたばこを十本以上吸う習慣があると、がん再発の危険性が約二倍に高まることが、北里大医学部の渋谷明隆講師の調査で分かった。

同大病院で一九九一－二〇〇二年に肝臓がん治療を受け、見かけ上がん病巣が消えた百三十一人を追跡調査。再発した七十三人について、性別、年齢、治療法、生活習慣など様々な角度から分析し、再発を招いた原因を探った。

その結果、毎日十本以上の喫煙習慣がある人が肝臓がんを再発する確率は、そうでない人の一・八倍だった。最も強い関連があったのはC型肝炎ウイルス感染の有無で、感染者の再発率は非感染者の約三倍。肝臓に複数のがん病巣があった場合も、再発率は約二倍だった。それ以外に目立った差のある要因はなかった。

渋谷講師は「三つの再発要因のうち、喫煙だけは自分の努力で解決できる。肝臓がんの治療をした人は、禁煙した方がいい」と話している。

# 13 脳腫瘍患者：冬生まれに多い

読売新聞2004年8月16日

ソースは「ニューロロジー」という雑誌ですが、これは神経科学では著名な雑誌です。さらに、研究者は米国立がん研究所（NCI）ですから、一流機関のチームとわかります。もちろん、ソースだけで信用してはいけないですが、ある程度安心しても良いと思います。

脳腫瘍の患者686人がケース、別の病気の患者799人というのがコントロールだと想像できます。両者の間で誕生月を調べたようです。両者は、年齢や性別、家族歴などでマッチングしていることが必要です。そうでないと、交絡の可能性を否定できないからです。ここではそのことは書かれていませんが、たぶん、そのような対処はしていることでしょう。

晩秋から早春に生まれた人は、夏季に生まれた人よりも脳腫瘍になりやすいようです。なりやすさの程度を表す数値は見られませんので、どの程度かまではわかりません。何倍なりやすいという数値としては、ケースコントロール研究ではオッズ比というものを使います。

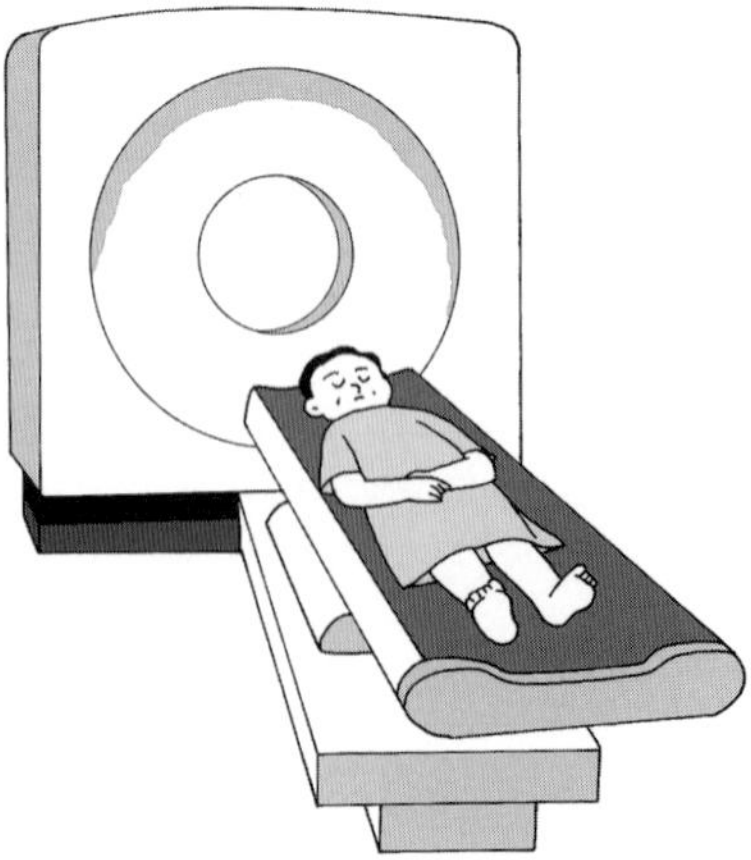

最後のポイントですが、冬生まれだと、どうして脳腫瘍が増えるのでしょうか。記事の中では、「妊娠中の食事・環境物質が夏と冬で異なるから」と説明していますが、食事・環境物質の影響は生まれた後のほうが大きいような気もします。どうして妊娠中の母体で影響するのかがわかりにくいですね。

**脳腫瘍患者 冬生まれに 多い!?** 米の研究

【ワシントン支局】冬に生まれた人は、夏に生まれた人より脳腫瘍《しゅよう》になりやすい――。米国立がん研究所のチームが、脳腫瘍患者の誕生月を調べたところ、こんな傾向が明らかになった。米医学誌「ニューロロジー」で発表した。

ロイター通信によると、研究チームはボストン（マサチューセッツ州）など三か所の病院で治療を受けた脳腫瘍患者六百八十六人と、別の病気で治療を受けた七百九十九人の誕生月を比較した。その結果、脳腫瘍になる可能性が高いのは、一月と二月生まれを中心に晩秋から早春にかけて生まれた人で、低いのは七月と八月を中心とした夏季であることが判明した。

理由は不明だが、研究チームは「感染症や妊娠中の食事、環境中に存在する毒物といった要素が、夏と冬とで異なることが考えられる」としている。

# 14 受動喫煙で乳がん2.6倍

読売新聞2004年12月4日

この記事のソースは何でしょうか。厚生労働省の研究班ですね。「1990年から10年間、40～50代の女性約2万人を追跡調査した」と書いてありますから、コホート研究です。実際、この研究は日本一大規模な多目的コホート研究と呼ばれているもので、多くの結果を出しています。しかし、この結果が論文になったかは書かれていないようですね。

これは大規模コホート研究ですが、乳がんは何名発生したかが大切です。ここには具体的な人数は書かれていません。ただし、2万人もいますので100例程度の乳がんは発生しているでしょう。喫煙者のほうが、3.6倍乳がんになりやすいと書かれています。喫煙による肺がんのリスクは10～20倍と言われていますが、乳がんも相当高いものですね。受動喫煙による乳がんリスクはいかがでしょうか。それは2.6倍ですから、喫煙しなくても煙を吸うだけで高リスクであることがわかります。

閉経後の女性では女性ホルモンの影響が小さくなるため、喫煙の悪影響もあまりないようです。喫煙と女性ホルモンが互いに影響しあって、

乳がんが増えるというのでしょうが、どのように影響しあうのかはまだよくわかりませんね。

## 受動喫煙で乳がん2.6倍

### 40—50代 閉経前、影響出やすく

厚労省調査

喫煙習慣がないのに職場や家庭などでたばこの煙を吸ってしまう女性は、そうでない非喫煙女性に比べて二・六倍も乳がんになりやすいことが、厚生労働省研究班（班長・津金昌一郎国立がんセンター部長）の大規模調査で分かった。

喫煙と乳がんの関係は、これまであまり明確でなかった。研究班は、一九九〇年から十年間、岩手や長野など四県に住む四十—五十代の女性約二万人を対象に、生活習慣とがんなどの病気の関係を追跡調査した。

その結果、閉経前の女性の場合、喫煙者が乳がんになる割合は、非喫煙者の三・六倍もあった。非喫煙者でも受動喫煙があると、乳がん発症率が二・六倍になった。閉経前は乳がん発生にかかわりが深い女性ホルモンの働きが活発で、たばこの影響が出やすいと考えられるという。閉経後の女性では、喫煙による差はみられなかった。

研究班の花岡知之・国立がんセンター予防研究部室長は「喫煙や受動喫煙を避けることが、乳がん予防の一歩につながることを示す結果」と話している。

# 15 COX2阻害剤：心臓発作の恐れ

読売新聞2004年12月26日

アスピリンは聞いたことがあるでしょうが、COX2（コックスツウと読む）は聞いたことがないと思います。消炎鎮痛薬の一種で、スーパーアスピリンと言われる新薬です。関節炎などの治療に使われているようです。これが心臓発作を増やすという衝撃的ニュースです。発信は、かぜ薬のPPA（フェニルプロパノールアミン）のときと同様、米国食品医薬品局（FDA）です。

それでは、どのくらいの危険性があるのでしょうか。記事には、心臓発作を起こす確率が3.4～2.5倍高くなったと書かれていますが、この書き方は変だと思いませんか。通常なら2.5～3.4倍高い、でしょうね。幅で書かれているのも、変だと思うかもしれません。これは信頼区間と呼ばれる表示だからです。何倍というのは解析の結果としては出てきますが、統計学では標本変動というのを考慮しますので、いくらからいくらまでに真の値があるだろうという推計をよく使います。

この研究デザインは何でしょうか。この記事だけではわかりませんが、

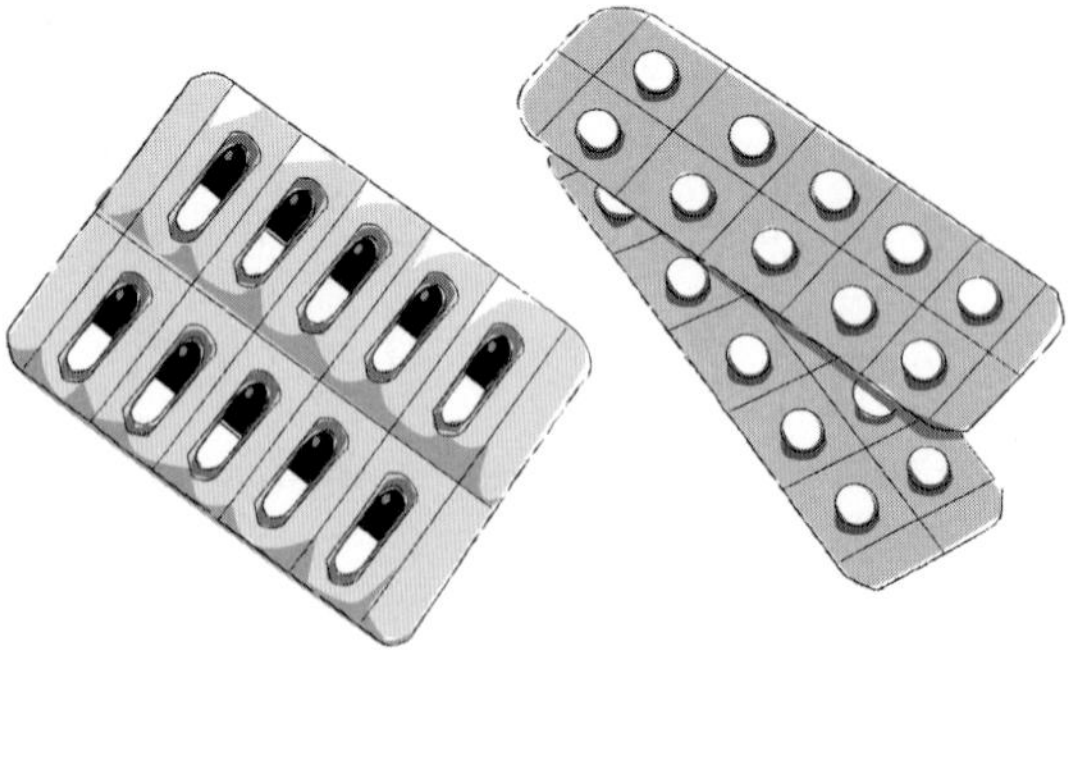

COX2阻害剤が心臓発作のリスクという因果関係ですから、縦断研究に違いありません。コホート研究かもしれませんし、ケースコントロール研究かもしれません。場合によっては、COX2阻害剤の臨床試験のメタアナリシスかもしれません。

**ＣＯＸ２阻害剤 心臓発作の恐れ**

**米当局が警告**

【ワシントン＝笹沢教一】米食品医薬品局（ＦＤＡ）は二十三日、副作用が少なく胃が荒れない「スーパーアスピリン（ＣＯＸ２阻害剤）」として、日本でも一部に出回っている米ファイザー社の人気処方薬セレブレックスやベクストラなどについて「心臓発作や脳卒中の危険を高める恐れがある」として、心臓病患者への処方や高い用量の長期使用を避けるよう医師に求める勧告を発表した。セレブレックスやベクストラは、中高年の関節炎治療などに広く使用されている。ＦＤＡによると、セレブレックスを多く服用している患者は、服用しない人に比べ、心臓発作などを起こす確率が三・四―二・五倍高くなり、ベクストラは心臓手術を受けた患者に発作の増加が認められたとしている。

厚生労働省によると、米国で問題になっているＣＯＸ２阻害剤は、国内では医薬品として承認されていないが、インターネットの輸入代行業者や、個人輸入により、国内に持ち込まれ、使用されている。

# 16 コーヒーを毎日飲むと肝がん半減

読売新聞2005年2月17日

これは14（96p）に出てきたのと同じ、厚生労働省の多目的コホート研究からのニュースです。14はソースが載っていませんでしたが、今回は米がん専門誌とありますので、かなり信用性の高いものだと想像できます。「1990年から10年間、男女9万人を対象に追跡」という記事からもコホート研究だとわかります。14は女性2万人とありましたが、今回は男女9万人になっています。たぶん、先ほどの研究はコホートの一部を使ったものと想像されます。

結果ですが、コーヒーをほとんど毎日飲む人はほとんど飲まない人に

発症確率調査

「5杯以上」4分の1

「毎日飲む」

む」グループは、「ほとんど飲まない」グループに比べ、肝がんになった率が51%も少なかった。「一日五杯以上飲む」人は、肝がん発生率が飲まない人の四分の一という低さだった。

コーヒーに含まれるどの成分が効果があるのかはまだわかっていない。ただ、同じくカフェインが多く含まれている緑茶を多く飲んでいる人では、肝がん発生率の低下はほとんど認められず、コーヒー独自の成分の可能性が高いとみている。

比べ、肝臓がんになる率が51％少なかったというものです。51％というのは、もちろん相対的な数値です。特に1日5杯以上もコーヒーを飲む人では75％少なかったとあります。相対値で30％を超える低下率を示すものは、相当効果があることになります。ここで重要なことは、さきほどと同様に、この10年間で何人が肝臓がんになったかの例数です。これがあまりに少ないと信用性が低くなります。この記事には載っていませんが、9万人を10年も追跡しますと、100例以上の肝臓がんは起こっているでしょうね。

最後に考えるべきは、この結果の説明可能性です。緑茶でも同様の結果が先にありました。お茶に含まれるカフェインが作用して、がんを予防したという記事でした。ここでも同じく、コーヒーに含まれるカフェインにより、肝臓がんが予防できたのではないかと推察しています。

**肝がん半減**

コーヒーを毎日飲む人はほとんど飲まない人に比べ肝がんになる率が約半分――。厚生労働省研究班（班長＝津金昌一郎・国立がんセンター予防研究部長）が実施した大規模調査で、こうしたことが明らかになった。コーヒー好きには朗報と言えそうだ。成果は十六日付の米がん専門誌に掲載された。

同研究班は一九九〇年から約十年間、全国九か所の四十―六十九歳の男女約九万人を対象に追跡調査した。

コーヒーを「ほとんど毎日飲

# 17 ヘルニアの原因遺伝子発見

読売新聞2005年5月3日

この記事のソースは何でしょうか。先に登場した「ネイチャー・ジェネティクス」です。

研究デザインはどうでしょうか。椎間板ヘルニアの患者と健康な人で、合計約1,000人を対象と書かれています。両者の間で、CILP遺伝子に有意な違いを認めたというのです。この遺伝子はすでに、軟骨形成に関わることが知られていました。そこで、説明は可能ではないかと思われます。それでは、合計1,000人をどのように選んだのでしょうか。これだけではよくわかりませんが、ケースコントロール研究かもしれません。まず椎間板ヘルニア患者を何人か選び、それに年齢・性別などで1：Nでマッチングさせ、健康な人（コントロール）を選ぶのです。Nとしては、1～5人くらいがよく用いられています。コントロールは病院の中で選んだのではなく、住民から選んだのかもしれません。

交絡（こうらく）についてはどうでしょうか。交絡因子とはヘルニアに影響する他の要因ですね。椎間板ヘルニアは遺伝の影響もあるでしょうが、長時間座っているという環境要因も大きく影響していると考えられてきました。このような交絡は調整したのでしょうか。マッチングするときに、トラック運転手やデスクワークなどでもマッチさせていれば大丈夫でしょう。ケースコントロール研究で1,000人というのは、きわめて大きな症例数です。通常は100人のオーダーではないかと思います。もちろん、必要症例数は危険度によります。危険度が大きいと想定される場合は少数でも良いでしょうが、そうでなければ、このように1,000例という多数例が必要になるのでしょう。今回のリスクはどの程度かを見ますと、1.6倍と書かれています。したがって、それほど大きなリスクではありません。しかし、有意な違いとありますから、95％信頼区間はリスク1（リスク無し）を含んでいるのでしょう。

# ヘルニア原因遺伝子

## 理化研発見　軟骨生成を抑制

理化学研究所の遺伝子多型研究センターは、激しい腰痛を引き起こす「つい間板ヘルニア」の原因遺伝子を突き止め、2日付の米科学誌「ネイチャー・ジェネティクス」電子版で発表した。

つい間板ヘルニアの患者と健康な人計約1100人を対象に、軟骨形成にかかわる「CILP遺伝子」の配列のわずかな違い（一塩基多型）を統計的に解析したところ、特定の配列の型を持つ場合は、つい間板ヘルニアになる危険性が1・6倍に高まることが分かった。

この遺伝子は軟骨の生成を抑制する役割があり、抑制作用が強く働き過ぎると、軟骨の再生が出来ず、発症につながるとみられる。

つい間板ヘルニアは、背骨の間にクッションのように挟まっているつい間板の軟骨の劣化に伴い、中の髄核が背骨の間から飛び出して神経を圧迫するため、腰痛に見舞われる病気。

長時間同じ姿勢を強いられるトラック運転手に多いなど環境要因もあるとみられるが、遺伝の影響も強いとされてきた。日本では毎年約5万人が手術を受けていると推定される。

遺伝子多型研究センターの池川志郎チームリーダーは「発病のメカニズムが分かったことで、5年後には新たな治療薬が登場するだろう」と話している。

# 18 野菜たくさん食べても大腸がんの予防ならず

読売新聞2005年5月10日

この記事のソースは何でしょうか。英国のがん専門誌とあります。実は「British Journal of Cancer（ブリティッシュ・ジャーナル・オブ・キャンサー）」という、やはりかなり著名な雑誌です。研究者は東北大学の疫学の先生であり、厚生労働省の科学研究費によって実施されたものです。

全国の40～69歳の男女約9万人を、1990年から約10年間追跡しています。このことから、コホート研究だとわかります。このコホート研究の情報量は9万人×10年ですから、90万人年（全員が10年追跡されたと仮定して）になります。もうひとつ重要なキーポイントは、その間にエンドポイントが何例出ているかです。この研究のエンドポイントは、大腸がんです。大腸がんは全部で705例出ていますから、十分な精度をもつ研究とわかります。これが数10例しか出ていない場合は、まだ初期的結果と思ったほうが良いでしょう。また、90万人年で大腸がんが705例ですから、1年当り1,000人に1人弱の発症ですね。40～70歳ですからそのくらいでしょうか。

この研究は、いわゆるネガティブデータを提示しています。どうしてネガティブになったかをよく見極める必要があります。ネガティブになる場合、いくつかの理由が考えられます。第1はエンドポイントが少なすぎることですが、本研究ではその可能性は低いと思われます。第2に、野菜を食べる量に関するアンケートが十分ではなかった、またはそれ以外の原因（このことを交絡因子と言います）についての調査が不十分という可能性が考えられます。このテーマの場合、肉食、家族歴、たばこ、アスピリンなどを交絡因子として調べてもらいたいところですね。この記事には書かれていませんが、これらの交絡因子も考慮した上での結果であれば、ますます信憑（しんぴょう）性が高まります。

# 野菜たくさん食べても

## 大腸がん

## 予防にならず

### 厚労省研究班が調査

　野菜や果物をたくさん食べても大腸がんの予防にはつながらないことが、厚生労働省研究班の坪野吉孝・東北大教授（疫学）らによる男女約9万人の追跡調査で明らかになった。日本では近年大腸がんが急増。大腸がん予防には野菜の摂取が重要と言われていたが、この〃常識〃を覆す内容だ。成果は9日付の英国のがん専門誌に掲載された。

　調査は1990年以来、全国の40～69歳の男女約9万人を対象に食事や喫煙などの生活習慣に関するアンケートを実施し、約10年間追跡した。この間、705人が大腸がんになった。

　研究では9万人を野菜や果物の摂取量別にそれぞれ4グループにわけ、大腸がんの発生率と比較した。その結果、野菜でも果物でも、最もよく食べるグループと最も少ないグループとの間で、大腸がんの発生率に差はなかった。大腸がんを結腸がんと直腸がんに分けて調べても差はなかった。

　同研究班はこれまで、胃がんについては、野菜・果物の予防効果を確認しており、野菜や果物の摂取が奨励すべき生活習慣であることに変わりはないという。

# 19 女性ホルモン：肺がんと関連性

読売新聞2005年9月15日

これも先に登場した厚生労働省の多目的コホート研究です。コホート研究による医療記事が大変信憑性を有し、それが発表される機会が日本でも増えてきたことを伺がわせます。

この研究でも、コホートの中の女性データだけを使っています。約45,000人を10年追跡し、153人が肺がんになったと書かれています。大腸がんに比べると少ないですね。女性だからこの程度かもしれません。ここでも、1年当たり肺がんの発生がどのくらいかを見ておくと良いでしょう。45万人年当たり150人ですから、1年当たり3,000人に1人の割合で、肺がんになっている計算になります。

結果はどうでしょうか。手術のため女性ホルモンを服用している女性では、2倍肺がんのリスクが高いというものです。自然の女性ホルモンではなく、薬としてのホルモン剤を使うと肺がんリスクが高まるというのです。2倍のイメージはどうでしょうか。45,000人の女性がコホートの対象ですが、日本ではホルモン剤を使っている人はそんなに多くないと思われます。仮に500人に1人が使っているとすると、ホルモン剤群は90人になります。90人中肺がんになった人が0例だとリスクは計算できません。ただし、多くても1人か2人ではないかと思います。これでは1桁の結果ですので、結果の信憑性には少し疑問が生じるかもしれません。

メカニズムは十分説明されていますか。肺がんのうち腺がんは女性ホルモンで誘引されることが知られているようです。もちろん、この研究における最大の交絡因子はたばこでしょうが、たばこの喫煙量では調整解析しているものと思われます。また、女性ホルモンの過剰補充によりまず乳がんを引き起こし、それが肺がんの転移を引き起こすという説明も考えられませんか。

女性ホルモン

# 肺がんと関連性

厚労省研究班「乳がんよりも薄い」

乳がんとの関連がよく知られる女性ホルモンが、肺がんの危険因子でもあることを、厚生労働省研究班が大規模な追跡調査で突き止め、14日発表した。

1990～94年に40～60代で、喫煙しない女性約4万4700人が対象。初潮・閉経年齢、ホルモン剤の使用歴などを分析した。

2002年までに153人が肺がんになった。初潮と閉経の年齢によるグループ別の比較では、初潮から閉経までの期間が最も短いグループ（初潮16歳以上、閉経50歳以下）が、最も肺がんの危険性が低く、他のグループの半分以下。最長のグループ（同15歳以下、51歳以上）の場合、最短グループに比べ、危険性が2・5倍高まった。

また、子宮や卵巣の手術で閉経し、ホルモン剤を使用している女性の場合、自然閉経した女性に比べて、約2倍高まった。

女性ホルモンは乳がんの危険因子のひとつだが、たばこを吸わない人にも多い肺の腺がんは、女性ホルモンと関連する可能性が指摘されていた。研究班の津金昌一郎・国立がんセンター予防研究部長は「乳がんに比べれば関連性は薄く、乳がんに気をつけて女性ホルモンを使えば、肺がんの危険性も減らすことができる」と話している。

# 20 大豆イソフラボンの特保：推奨できない

読売新聞2006年3月10日

イソフラボンは体に良いと思っている人（特に女性）が多いと思います。最近、特定保健用食品（略して特保と言います）や栄養補助食品（サプリメント）が市販されていますが、これに対して、あまりイソフラボンを摂取し過ぎると危険だよ、というニュースです。

ソースは海外での研究とあるだけですが、「5年間にわたって毎日150 mg摂取した・・・」と書かれていますので、これはコホート研究だろうと気づきます。まず、例数がわかりませんし、危険とされるエンドポイントの子宮内膜増殖症が何例起こったかもわかりませんね。

危険と言われる、イソフラボン150 mgとはどれくらいかをまず調べてみてください。特保のドリンク剤などの例を見ますと、1本40 mgというのがありました。その程度であれば問題ないのだと思います。まさかドリンク剤を1日4本も飲む人はいないでしょう。これ以外に食物の大豆類からの摂取についても、食品成分表で調べておくと感触がつかめるでしょう。

イソフラボン1日150 mgを5年間も取り続けると、女性にですが、子宮内膜が増殖するというのです。女性ホルモン剤などでも、子宮内膜増殖症の危険性が示唆されたりしています。したがって、その危険性がどの程度かを知らないと、あまり迂闊に信じられないかもしれません。すなわち、150 mgを5年間摂取し続けた女性は何人いて、その中で子宮内膜増殖を起こした女性は何人いたかを知りたいところです。

# 妊婦、子どもに「推奨できない」

## 大豆イソフラボン配合 特定保健用食品

大豆に含まれる栄養成分「大豆イソフラボン」を配合した特定保健用食品＝◎＝について、内閣府食品安全委員会の専門調査会は9日、妊婦や子どもの摂取は「推奨できない」とする安全性評価をまとめた。

男性や妊婦以外の女性は、ふだんの食事以外に追加して摂取する上限量の目安を「1日30ミリ・グラム」とした。ただし、大豆食品自体は「たんぱく質源として健康的」とし、安全性に問題はないとしている。

### 食品安全委

大豆イソフラボンは女性ホルモンと似た働きがあり、骨粗しょう症や更年期障害などの予防に役立つとされ、特定保健用食品のほか、錠剤などサプリメント（栄養補助食品）としても市販されている。

しかし、海外での研究によると、大豆イソフラボンの錠剤を5年間にわたって毎日150ミリ・グラム摂取した女性に、健康上の問題はないものの、子宮内膜が増える影響が見られた。さらに、妊娠した実験動物に大量投与した場合、子宮や胎児の生殖機能に異常がみられたことなども報告された。

このため、同調査会で検討を始め、妊婦や子どもが毎日摂取した場合、安全性や健康上の利益が科学的に証明できないと結論付けた。

# 1　抗がん剤治療が2次がんを誘発

読売新聞2000年2月18日

2次がんはあまり聞いたことがないと思い、説明がなされています。がんの手術後に新たながんができることです。別の部位にがんができることなので、再発とは異なります。ソースは日本胃癌学会での発表ですから、まだ論文にはなっていないかもしれません。

研究デザインはどうでしょうか。詳しく書かれていますね。早期の胃がん159人を対象にし、「手術単独群と手術後に抗がん剤治療群の2グループに無作為に分け」とありますので、これはランダム化比較試験(RCT)でしょう。

5年後の生存率は76％と74％で同等だったようです。さらに18年以上調査を続けたところ、白血病や肺がんなど2次がんの発生率を調べました。手術単独群で6％に対して、抗がん剤治療群で16％と高かったようです。すなわち、2.5倍くらい抗がん剤治療群で2次がんが増えています。このまま信じて良いでしょうか。159人が対象ですから、2群に分かれて80例ずつです。6％と16％ですから、それぞれ5人と13人で2次がんが生じたことになります。確かに2.7倍ですが、この差は統計学的に有意(誤差範囲を超えた)かを検討しますと、P＝0.078なので統計学的に有意ではありません。この記事には別の研究のことも書かれています。大阪府立成人病センターのデータです。570人を対象に同様の試験をしたようです。8年間調査したところ、同様に抗がん剤治療群で1.6倍2次がんが増えていたというのです。しかし、こちらも統計学的には有意な差ではないと書かれています。

最後に、それではどうして抗がん剤治療で2次がんが増えるのか、その説明はできていますか。WHOの国際癌研究機関が、胃がんの術後によく使われる抗がん剤に発がん性の可能性を指摘しています。抗がん剤で発がんするというのは変に思うかもしれませんが、お薬なのですからがん原性があることに、不思議はありませんね。

## 術後の抗がん剤治療

# 2次がんを誘発

### 胃がん患者対象に追跡 ■ 大阪大講師調査

　胃がんの手術後に抗がん剤治療を行うと、新たながん（二次がん）の発生率が高まることが、大阪大医学部の藤本二郎講師（外科）の調査で分かり、十九日、新潟市で開催中の日本胃癌《がん》学会で発表される。がん治療の成績向上で、元のがんが治った後の新たながん発症が増えており、抗がん剤治療のあり方を巡り論議を呼びそうだ。

　阪大では、一九七五年から八一年まで、比較的早期の胃がん患者百五十九人を対象に、手術だけを行う場合と手術後に抗がん剤治療を行う二グループに無作為に分け、治療効果を比べる臨床試験を実施。五年後の患者の生存率は、それぞれ76％、74％で同等だった。

　さらに昨年まで十八年以上、調査を続けたところ、白血病や肺がんなど二次がんの発生率は、手術だけの場合の6％に対し、抗がん剤治療を行った場合は16％と高かった。

　使用した抗がん剤は、胃がんの手術後によく使われるマイトマイシンCと、フッ化ピリミジン系と呼ばれる薬剤。このうちマイトマイシンCは、世界保健機関の下部組織、国際がん研究機関が「発がん性の可能性がある」としている。

### 「抗がん剤に発がん性、早期なら使わない方が」

　藤本講師は「抗がん剤の発がん性が示された。比較的早期の胃がんは、手術後に抗がん剤を使っても治療成績が良くならないのに、二次がんは増えるので、使用しない方がよいのではないか」と話している。

　また、大阪府立成人病センターなど七施設が、共同で計約五百七十人に同様の試験を行い、八年間調査したところ、二次がん発生率は、手術後に抗がん剤治療をした場合、手術だけの時の一・六倍だった。ただ統計上、意味のある差ではなかった。この結果も含めて、同学会で発表者たちが討論する。

# 2 お昼寝前にコーヒーを

読売新聞2002年2月24日

研究デザインについて見ましょう。大学生10人が対象です。昼寝をしてもらい、その後の目覚めを観察しています。昼寝をする前に、コーヒーを飲むか飲まないかの群に分けているようです。昼寝は15分行っています。目覚めたときには、明るい照明を浴びせる群、顔洗いの群も設けているようです。つまり、昼寝前にコーヒー介入、目覚めた後に照明介入・顔洗い介入をしています。エンドポイントは目覚め度ですが、それは脳波で測定しています。

具体的には、どのようにして10人の大学生に3種類の介入を施したかはわかりません。もしパターンで分けると、コーヒーと照明、コーヒーと顔洗い、コーヒーのみ、照明のみ、顔洗いのみ、いずれも無しの6群です。この6群へ10名を振り分けるという方法が考えられますが、これでは1群あたりの人数が少な過ぎます。別の方法としては、同じ対象者が6日間昼寝をして、6通りの介入をしてもらうものです。これですと、個人内で介入間での比較が可能になります。ちょっと変わった実験計画法として、第1群は初日がコーヒー介入、2日目が照明介入、3日目が洗顔介入、第2群は初日に照明介入、2日目に洗顔介入、3日目にコーヒー介入、そして第3群は初日に洗顔介入、2日目にコーヒー介入、3日目に照明介入というように、サイクリックな実験計画法も考えられます。

結論として、コーヒーを飲んでから昼寝をすると目覚めが良いというのですが、どうしてでしょうか。普通、コーヒーを飲むと寝つきが悪いと言われています。寝ていないから目覚めも良いのではないかと思いますが、ここではコーヒーを飲んでからカフェインが作用するまでに30分程度かかるため、15分程度の昼寝をするとちょうど目覚める頃にカフェインが作用するためとしています。

# お昼寝前にコーヒーを

## 20分後、目覚めすっきり

昼寝の前にコーヒーを飲み、目覚めたら外光を浴びよう――。文部科学省の「快適な睡眠の確保に関する総合研究班」はこのほど、午後の作業能率が向上する〝正しい昼寝の方法〟をまとめた。

人間は、夜間にじゅうぶん睡眠をとっていても午後二時ごろになると眠くなる。日中の眠気は、仕事の能率低下だけでなく交通事故を起こす原因にもなっており、手軽な眠気防止策が求められていた。

昼寝の場合、深い眠りに入る直前、寝入り後十五―二十分で目覚めると最もリフレッシュ効果が高いとされる。研究班の堀忠雄・広島大教授（精神生理学）らは、大学生十人に寝入り後十五分で起きてもらい、コーヒーの摂取や洗顔など、目覚めに良いとされる行為を試した。効果を確かめるため、脳波を測定して眠気の〝残り具合〟を調べた。

その結果、最も目覚めが良かったのは、コーヒーを飲んでから昼寝をし、目覚めてから通常より明るい照明を浴びたケースだった。堀教授は「コーヒーを飲んでも、カフェインが脳に届くのに三十分程度かかる。二十分の昼寝なら、目覚めのころにちょうど効き出す」と話している。

# 3 航空機搭乗中の血栓予防にスポーツ飲料が効果

読売新聞 2002年7月28日

このことは多くの人が聞いたことがあるかもしれません。「地球の歩き方」という旅行書を見ても、最近ではエコノミークラス症候群を回避するために水、とりわけスポーツ飲料水が良いと書かれています。この記事は大塚製薬がスポンサーをしていますので、少し割り引いてみる必要があるかもしれません。しかも、どこで発表されたかというソースも見られませんので、なおさらかもしれません。

研究自体はどうでしょうか。飛行機に乗る前と9時間の飛行後に調べています。40人を半分に分けて、20人ずつ水を飲む群とスポーツ飲料を飲む群に分けていますので、これも比較試験であることがわかります。人数は少ないですが、デザイン的にはバイアスが入りにくい良いデザインです。エンドポイントは何でしょうか。血液の液体成分、すなわち血液粘度のようです。他のエンドポイントとしては、深部静脈血栓症(DVT)を超音波エコーで診断することもあるでしょう。エンドポイントが日常的であるほど、そこへ影響する要因は増えるため、誤差が大きくなります。そうしますと、必要とする症例数は増えるのです。本研究のエンドポイントは血液の粘度ですから、他の影響は少ないため少数例でも十分かと想像されます。

メカニズムについてはどうでしょうか。スポーツ飲料のほうがどうして血液に良いのでしょうか。スポーツ飲料のほうが、排尿の際に失われる水分が少ないためと書かれています。水分が保たれるため血液も固まらないのでしょう。そういえば、アルコールも飛行機内でよく飲みますが、飲み過ぎますとアルコールには排尿作用があるので、血液が固まりやすくなると言われています。アルコールを飲んでスポーツ飲料を飲めば良いじゃないかというかもしれませんが、それは本末転倒ですね。さらに、航空機内は気圧が低いですから（着陸のときペットボトルが気圧上昇でへこみますよね）、アルコールがまわりやすいと言われています。飲み過ぎは禁物ですね。

**航空機搭乗中の血栓予防にスポーツ飲料が効果**

航空機で長時間同じ姿勢で座り続けると、血液の粘度が上昇し、肺血栓症を引き起こすエコノミークラス症候群。予防には、水分の補給が有効で、大塚製薬は水とスポーツ飲料の効果を比較する飛行実験を行った。

離陸直前と9時間の飛行中に20人は水、別の20人は同じ量のスポーツ飲料を飲んだ。その結果、スポーツ飲料を飲んだグループの方が、血液の液体成分が多かったため、肺血栓の原因となる足の血液粘度が低かった。スポーツ飲料では水を飲んだ場合と比べ、排尿で失われる水分量が少ないのが理由としている。

# 4 低カロリー食で長寿

読売新聞2002年12月3日

まずソースですが、米国のコネティカット大学の研究であり、「サイエンス」誌に発表されたようです。「サイエンス」誌は「ネイチャー」誌と並び、基礎医学のトップ雑誌です。

この記事を見ると、食事を制限すると長生きできると書いています。しかし、記事をよく見ると、この研究はショウジョウバエでのデータです。したがって、人間ではまだどうかわからないと判断するほうが正しいでしょう。

次に、この研究デザインを見てみましょう。えさのカロリーを半分にするという介入をしています。エンドポイントは、寿命そのものと、長寿化を進める遺伝子の活性化の2つあるようです。結果的には、寿命と長寿化遺伝子の活性化の間には相関があったようです。

さて、低カロリー食を食べたショウジョウバエでは、寿命が普通より4～5割延びたそうです。このことから、ここでは普通食のショウジョウバエとは同時比較していないことがわかります。何匹かわかりませんが、すべてのハエに低カロリー食を与えたようです。さらに、長寿化を抑える遺伝子が働かない（つまり長寿化する）ハエも何匹か用意し、そこでも寿命を調べたら4～5割長寿だったというのです。

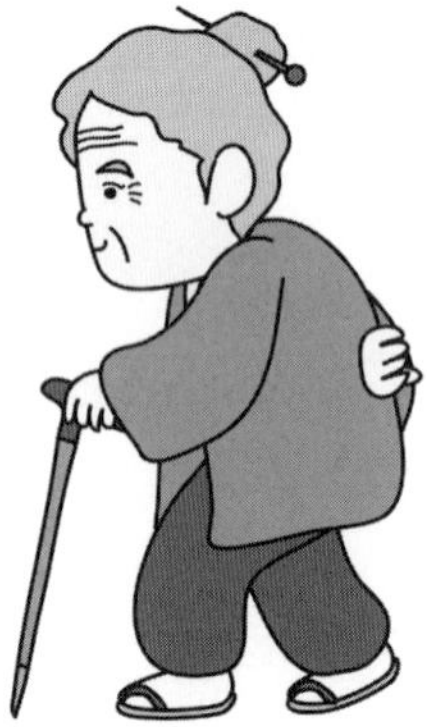

人間において、このような長寿遺伝子はわかっているのでしょうか。また、それらの活性化の有無は簡単にわかるのでしょうか。あまりわかってしまうのも、味気ない人生のような気がしませんか。科学が進歩するのは良いけれど、自分の寿命まで生まれたときにわかるようでは、人生ドラマはありえませんからね。

**低カロリー食で長寿**
**ハエで遺伝子の働き確認**

「低カロリー食は寿命を延ばす」という通説を裏付ける遺伝子が存在し、通説通りの働きを持つことを、米コネティカット大などの研究チームがショウジョウバエを使った実験で確認した。この遺伝子は人間にもあり、研究チームは「種の壁を越えた共通の仕組みと考えられる」としている。米科学誌サイエンス最新号に発表した。

低カロリー食が寿命を延ばすことはこれまで、アカゲザルなどの動物実験で裏付けられていたが、具体的なメカニズムは解明されていなかった。

研究チームが見つけたのは、長寿化を進める遺伝子（Ｓｉｒ２）とこれを抑制する遺伝子（ｒｐｄ３）。ショウジョウバエで、えさのカロリーを通常の半分ほどにしたグループと、えさのカロリーに関係なく長寿化を抑える遺伝子が正常に働かないグループをそれぞれ調べたところ、いずれも寿命が普通より四、五割も延びたことがわかった。

これら長寿グループのハエはどれも、長寿化を進める遺伝子が通常の倍も活発に働いていた。研究チームは、低カロリーのえさによる体内の変化が引き金となり、長寿抑制遺伝子の機能が低下する一方、長寿化遺伝子の機能は活発になる、という長寿の仕組みが解明できたとしている。

# 5 塗って効くクラゲよけ

読売新聞2004年6月6日

ソースは米国のスタンフォード大学の研究であり、米医学専門誌に発表とありますので海外誌での論文ということがわかります。

研究デザインはどうでしょうか。12人の前腕にクラゲの触手を乗せるわけですが、そのままだと皮膚が腫れるため、介入群として特別のローションを塗ってから乗せます。対照群は通常の日焼け止めクリームを塗ります。エンドポイントは皮膚症状です。クラゲを腕に乗せること自体は介入ではありますが、この研究での介入はローションあるいはクリームです。デザインの詳細はどうでしょうか。12人をローションとクリームに無作為に分けていれば、ランダム化比較試験（RCT）になります。12人を1回目2群に分けますが、2回目に異なるほうを試したとすれば、これはクロスオーバー試験になります。この例では個人で敏感度が異なると想定されますので、クロスオーバー試験のような個人内比較のほうが良いかもしれません。

結果として、日焼け止めクリーム群では全員にミミズ腫れが見られ、ローションでは全員肌の変化はなかったと書かれています。したがって、これは12人全員がローションとクリームを試していることがわかりますので、クロスオーバー試験の可能性が高いです。あるいは、前腕の右側にはローション、左側には日焼け止めクリームというような左右比較試験かもしれません。特定の対象に関して、どちら側の腕にローションを塗るかを無作為に決めるわけです。

データはどうだったかと見ますと、12/12 対 0/12でした。これは統計学的に有意だと思いますか。つまり、偶然の違い以上だと思いますか。実は$P < 0.0001$で高度有意ですから、ローションのほうが良いことがわかりました。

刺されてガッテン

# 塗って効くクラゲよけ

## 大胆実験

海水浴の際、体に塗るだけでクラゲに刺されるのを予防できるとするローションの効果を、ボランティアにクラゲを触らせて直接確かめるという大胆な実験が、米スタンフォード大学医学部で行われた。米医学専門誌で発表した。研究チームによると、ローションはかなり有効という。

このローションは、イスラエルの会社が製造している「SAFE SEA（セーフ・シー）」で日本でも販売されている。研究チームは、ボランティア十二人の前腕に、水族館から借りてきたクラゲの触手を最長四十五秒間乗せ、単なる日焼け止めを塗った場合とローションを使った場合の皮膚症状の変化を比べた。

その結果、日焼け止めだけの場合、全員の腕にみみずばれが起きたが、ローションを塗った場合は全員肌に変化はなかった。より毒性の強いクラゲで試したところ、ローションを塗ったのにはれが出たケースは一人だけだった。

# 6 チンパンジーもあくびが伝染する

読売新聞2004年7月24日

ソースから見てみましょう。京都大学霊長類研究所です。ご存知の方も多いと思いますが、ここは世界でも著名なサルの研究所ですね。英国王立協会報で発表とあります。

チンパンジーの雌6頭を対象にして、他のチンパンジーがあくびをしているビデオを見せ、その後あくびの回数を数えたものです。すなわち、あくびのビデオを見せることが介入になりますが、対照としてはただ口を開けただけのビデオを見せたものです。あくびのビデオを見せたほうが、2倍もあくびの回数が増えるという結果のようです。口を開けるだけの場合2〜9回に対して、あくび映像では24〜25回と書かれています。このデータからどうして2倍なのでしょうか。9回と24回のほうをとっても2倍以上です。2回と25回をとると実に12.5倍になります。どこが2倍なのかよくわかりませんね。

実験デザインについてはわかりましたか。6頭のチンパンジーに、たぶん2種類のビデオを見せたのでしょう。ビデオを見せる順番はあまり関係ないと思われますので、最初は口を開けただけのビデオを見せ、次にあくびのビデオを見せたのかもしれません。しかし、それでは順序効果があるというので、クロスオーバー法を用いたかもしれません。すなわち、3頭は上の順でビデオを見せ、残り3頭は逆の順でビデオを見せるのです。

人間でも42〜55％の人であくびは伝染するそうです。しかし、逆に考えると半数は伝染していないということです。いったい、どうして伝染するのでしょうか。また、5歳以下の子供では伝染しないというのはどういう理由によるのでしょうか、この辺は知りたいですね。

# チンパンジーも あくび〝伝染〟

チンパンジーも、人間のようにあくびが〝伝染〟することが、京都大学霊長類研究所（愛知県犬山市）の松沢哲郎教授らの実験で確認された。人間以外の動物であくびの伝染が認められたのは初めて。「他者に共感する能力」の高さを裏付けているという。英国王立協会報の最新号で発表した。

チンパンジーのあくび画像を見て大あくびする「アイ」（松沢教授提供）

## 人間以外で初めて確認
## 「他者に共感する能力」高さ裏付け？

松沢教授らは、同研究所のチンパンジーの雌六頭に、他のチンパンジーがあくびをしているビデオ映像を、六—十秒間の休みを入れながら繰り返し三分間続けて見せ、その後、あくびの回数を観察した。

その結果、あくびの回数は、口を開けただけのあくびではない映像を見せた場合の約二倍に達した。特に二頭では、「口開け映像」の二—九回に対し「あくび映像」では二十四—二十五回と差が著しく、あくびの伝染が確認された。

人間の場合は42—55%の人であくびの伝染がみられ、五歳以下の子どもには伝染しないという研究例がある。実験中にあくび画像を見ていた三歳の子どももチンパンジーには、人間と同様、伝染しなかった。

松沢教授は「人間にも、あくびがうつりやすい人とそうでない人がいるように、チンパンジーにも個体差がある。あくびの伝染は、他者に共感する能力と関連があるのではないか」と話している。

# 7 ポリフェノールで内臓脂肪減

読売新聞2004年10月4日

この記事はマウスでの動物実験データであることに気づきます。しかも、ポリフェノールがリンゴに含まれるというので、一見するとリンゴをたくさん食べると内臓脂肪が減ると思いがちですが、このときに食べるリンゴの量を考える必要があります。通常、動物実験データの場合、相当量の摂取を前提としていることが多いのです。この場合でもポリフェノールを5%混ぜたとありますが、りんご1個あたりのポリフェノールは0.007%しか含まれていないようですので、毎日りんごを「700個」も食べないといけないことになります。そんなことは不可能なわけです。ですから、マウスでポリフェノールを摂取して内臓脂肪を減らしたからといって、それを私たちの日常生活で実践できるレベルではないのです。

このデータは、マウスが対象ですが実験研究です。ポリフェノールを混ぜたエサと普通のエサとを同時比較した比較試験です。したがって、研究デザイン的には水準の高い研究です。当然マウスにはどちらのエサかはわかりませんし、別の食事をすることは許されていませんから、バイアスがほとんど入らない純粋な実験だとわかります。結果は、たぶん正しいと想像されます。

ポリフェノール入りエサで筋力が16%高くなり、内臓脂肪は27%少なくなったと書かれています。この数字をどのように感じますか。大きいと思いますか、たいしたことないと思いますか。実は%で示された数字ですので、相対値です。相対表現にしますと、測定値の単位に関係なくなります。このデータは内臓脂肪で27%減ですから、**表8**（19p）より相当の減少だと評価できます。

最後になりますが、それではポリフェノールがどうして内臓脂肪を減らすかを説明できるか、すなわちメカニズムについて考えてください。ポリフェノールには内臓脂肪の分解を助ける働きがあり、そのためだと書かれています。

# リンゴのポリフェノール

## 内臓脂肪減
## 筋力アップ

### 産学共同研究

### 皮に多く含有、マウス実験で判明

アサヒビールと日本体育大学大学院の中島寛之教授らの共同研究で、リンゴから抽出されるリンゴポリフェノールに、筋力を増し、内臓の脂肪を減らす働きがあることが明らかになった。赤ワインや黒豆などに含まれるポリフェノールは老化やがんの要因とされる活性酸素を除去する働きが知られているが、筋力増強や脂肪減少などの効果が明らかになったのは初めてという。

アサヒは、年内にも人を対象とした実験で効果を確かめ、早ければ二〇〇五年にもサプリメントや飲料などでの商品化を目指す。

リンゴのポリフェノールは果肉にもあるが、特に皮の部分に多く含まれているという。アサヒと中島教授らは、リンゴポリフェノールを5％混ぜた固形エサを三週間与えたマウスと、普通の固形エサを与えたマウスを比較した。その結果、ポリフェノール入りを食べたマウスは、普通のエサのマウスより筋力が16％高く、内臓脂肪は27％少なかったという。

アサヒは、ポリフェノールに内臓脂肪の分解を助ける働きがあるとしているが、筋力アップのメカニズムは、よく分かっておらず、今後の研究課題という。

アサヒは「筋力アップや体脂肪率抑制が必要な運動選手に効果が期待できる」としている。

# 8 「温泉が体にいい」ワケ

読売新聞2004年11月11日

6,000人を対象とした調査と冒頭にあるので、この研究は観察研究と思いがちなのですが、実は実験研究です。6,000人が3か月間強羅（ごうら）温泉に入り、その効果を見るという実験なのです。温泉に入る前と後とで比較するので、これは前後比較デザインあるいは自己対照デザインと呼ばれています。

エンドポイントは何でしょうか。温泉の効果という書き方をしていますが、血圧でしょうか、持病の症状でしょうか、疲労感でしょうか、それとも熟眠度でしょうか。いろいろな効能を調べたと思ったら良いかもしれません。

この記事では、まだ結果は出ておりません。このような大規模な実験を行うので、ぜひとも希望者は参加してもらいたいというものです。6,000人全員が3か月間強羅温泉に入れますので、温泉好きにはたまらないかもしれません。しかも、強羅温泉といえば、白濁の硫黄温泉ですから、通にはたまりませんね。対象者がどうして6,000人必要かはよくわかりません。温泉のPRも兼ねてという目的があるような気がします。

# 箱根・強羅で6000人調査

## 参加者募集

温泉が体によいとされる理由を科学的に実証する六千人を対象とした調査が、来月一日から三か月間、神奈川県箱根町の強羅温泉を舞台に実施される。ユニークなのは〝協力者〟として誰でも調査に参加できる点。医師の健康相談を無料で受けられるほか、健康づくり講座などを自由に受講できる。滞在期間中に回答するアンケートがデータとして活用されるという。

♨

調査は、経済産業省の外郭団体、民間活力開発機構（東京）が中心となって「温泉療養ネットワーク事業」の一環として、同省の助成を受けて実施する。データの分析は、日本温泉気候物理医学会・温泉療法医会の医師など第一線の研究者が担当。調査は泉質だけでなく、食事、運動、環境のバランスと療養効果の関係を総合的に調べ、データベース化する。

## 「温泉が体にいい」ワケ

大規模な調査を実施するにあたって、同機構は調査の協力者（参加者）を公募することにした。参加者は、温泉療養する前と後、二回のアンケートに協力。血圧を測定するほか、持病の痛みや食欲、疲労感、睡眠の深さなどがどう変化したかを記入する。この結果がデータとして活用され、「温泉・食事・運動・環境の四要素をどのようなバランスで取れば、どんな療養効果があるか」などを科学的に実証する。

♨

ユニークな〝特典〟も用意した。高血圧、肥満、糖尿病などを抱える参加者には、温泉療法に取り組む医師が無料で相談に応じ、求めがあれば、その人に合った療養プログラムを提案する。また、旅館十施設では、糖尿病食など、利用者の健康状態に配慮した食事を用意する。

## 無料ダイエット講座など特典も

さらに、調査期間中、「温泉健康づくり大学」を開校する。宿泊先の旅館を〝校舎〟に見立て、自然散策などの運動、「生活習慣病」「ダイエット（美容）」のゼミナール（無料）、陶芸などの体験教室（実費は各自負担）が連日開催される。

♨

同機構は二〇〇〇年から温泉地での健康づくりを提唱。温泉療養に詳しい医師など六百四十六人、全国の温泉地のホテル・旅館六百四十四施設が参加するネットワークを組織化している。この調査で成果をあげることができれば、他の温泉地にも調査を拡大するという。

同機構理事長の里敏行さんは「調査に参加しながら健康づくりを体験でき、調査結果は全国の温泉地での療養プログラム作成にも生かされる。多くの人に協力をいただければ」と話す。

事前に申し込み、自費で二泊以上する先着六千人が対象だ。既に受け付けを始めている。宿泊先は、同機構に登録している強羅温泉の旅館二十施設で、宿泊料金の目安は一泊二食で9000円～2万円。

詳しくは同機構のホームページ（http://www.minkatsu.or.jp/onsen）で紹介。問い合わせは同機構（03・3543・8777）へ。

# 9 毛根を増やすたんぱく質

読売新聞2004年12月7日

ソースはメーカーのライオンです。どこに（発表）というのは載っておりませんので、もしかするとメーカーの発表に過ぎないかもしれませんので、ディスカウントして読んだほうが良いでしょう。

「エフリン」というたんぱく質の増毛効果を見つけたという記事です。対象は何でしょうか。マウスですね。生まれたばかりのマウスにエフリンを皮下注射したところ、毛根の数が6日目で1.4倍、12日目で1.3倍に増えたと書いています。このことからどのようなデザインだと思いますか。マウス何匹かはわかりませんが、それら対象すべてにエフリンを投与したようですので、同時対照群はないようです。それでは何が対照（コントロール）かと言いますと、エフリンを投与する前の毛根数でしょうね。

エフリンというたんぱく質を注射する前と比べて1.4倍毛根数が増えたというのは、統計学的に有意な結果だと思いますか。40％増加です

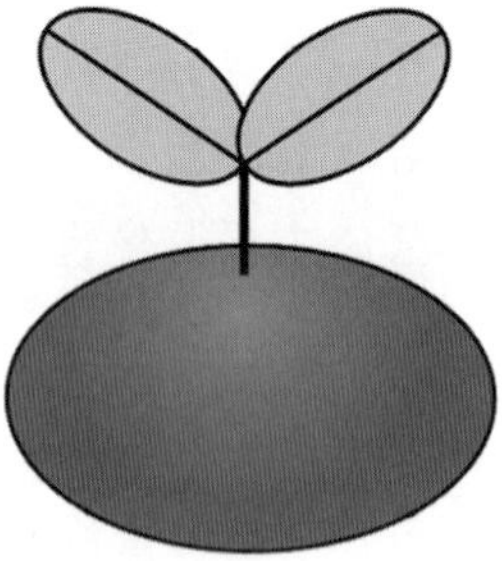

から、そう言いますとすごい結果だと思うかもしれません。40％増加という数値自体は意味があるように思いますが、果たして有意かと言いますと、そこには標本サイズが関係してきます。たとえば、10匹程度の標本サイズでは、とても有意を証明できないと思われます。最低100例は必要ではないでしょうか。ただし、もし10匹すべてにおいて意味のある毛根数の増加を示していれば、（他のマウスにも）増加するとほぼ間違いなく言えるでしょうね。

**毛根 増やす たんぱく質**

ライオンなど解明 育毛剤開発に期待

血管形成などの働きを担っているたんぱく質「エフリン」に、毛根を増やしたり頑丈にしたりする働きもあることを、ライオン生物科学センターなどが解明し、六日発表した。毛根の数を増やすたんぱく質が見つかったのは初めて。同社は新しい育毛剤の開発につながると期待している。

同センターが、抜け毛で悩む男性の毛根を調べた結果、脱毛部の毛乳頭細胞ではエフリンを作る遺伝子の働きが弱まっていることが判明。そこで、生まれたばかりのマウスにエフリンを皮下注射したところ、毛根の数が生後六日では通常の一・四倍、同十二日では一・三倍に増えた。しかも、毛根が皮膚の深い位置で形成され、直径も大きく、抜けにくくなっていた。

今のところ、エフリンを注射したマウスに病気などの異常は見られず、同社は「今後、成長後のマウスへの効果も調べたい」としている。

# 10　C型肝炎に乳成分が効果

読売新聞2005年1月14日

ソースから見ましょう。横浜市立大学の臨床試験ということはわかりますが、どこに発表されたかはわかりません。

臨床試験デザインはどうでしょうか。C型慢性肝炎患者40人が対象のようです。基礎治療としては、標準治療であるインターフェロン＋リバビリン投与をしています。それに加えて1群にはラクトフェリン、もう1群はそのプラシーボ（ラクトフェリンと見分けがつかず、中身が入っていない薬のこと：偽薬）を投与しています。ラクトフェリンとは母乳や牛乳に含まれるたんぱく質です。このことから、この臨床試験は二重盲検であるとわかります。40人を2群に分ける際に無作為化をしていればランダム化比較試験です。

半年後の（ウイルス消失）効果を調べたところ、ラクトフェリン群では有効率26％、プラシーボ群では15％だったようです。この差は統計学的に有意だと思いますか。このような有効率の場合、それを見分けるコツを示しましょう。有効率の差が10％程度であれば、両群で症例数が300例以上ないと有意にはなりません。20％の差であれば100例で有意になります。この場合11％の差ですから、40例では有意ではないとわかります。また、ほぼ20例ずつですので、5/20対3/20程度の差でしょう。ここで、「2の法則」を適用してみます。つまり、1群の分子から2を引きますと2群と同じになってしまいます。このことから、それほどの差ではないことがわかります。

1段目の最初のほうに、「ラクトフェリンを投与すると4人に1人はウイルスが消えた」と書かれています。つまり、有効率25％ですね。これを見ると、4人に1人しか効かないのかなと思われるかもしれません。しかし、何もしなければ15％しか有効率がないことを知っていれば、これは良い結果と思うでしょう。相対表現で見てみましょう。この有効率25％を対照群の15％で割りますと、1.7になります。絶対的には

15％（＝25－10）向上と言えますが、相対的には1.7倍有効というわけですね。15％向上よりは1.7倍のほうが大きい効果に見えるかもしれません。

# C型肝炎 乳成分が効果

■横浜市立大が確認■

インターフェロンなどの治療薬が効きにくいC型肝炎患者に、母乳や牛乳に含まれるたんぱく質「ラクトフェリン」の錠剤を投与したところ、患者の四人に一人はウイルスが消える効果のあることが、横浜市立大学市民総合医療センターの田中克明教授らの臨床試験でわかった。

ラクトフェリンは、食品としては粉ミルクなどに加えられている物質。田中教授らは、インターフェロンが効きにくいウイルス（1b型）に感染したC型慢性肝炎患者四十人の協力を得て、臨床試験を行った。一つのグループには、治療薬のインターフェロンと抗ウイルス薬リバビリンに加えて、ラクトフェリン錠剤を投与、残りの患者には二つの治療薬と、ラクトフェリンの入らない偽薬を投与した。

半年後に治療薬の投与をやめ、さらに半年経過した時点で効果を調べたところ、ラクトフェリン錠剤をのんだ患者の26％はウイルスが消失し、偽薬をのんだ患者のウイルス消失率（約15％）より一・七倍高かった。また肝機能改善にも大きな効果が見られたという。

**ラクトフェリン**　母乳百㍉・㍑中に約〇・一㌘、初乳には同一㌘含まれる。感染防御物質として注目され、最近は抗がん作用も報告されている。

# 11 ビール原料ホップに胃潰瘍予防効果あり

読売新聞2005年3月18日

ソースは千葉大学とアサヒビールの共同研究であり、日本細菌学会で学会発表される研究です。まだ論文にはなっていませんし、これは基礎医学の学会ですから、臨床応用まで至っていないと想像できます。先のほうを読みますと、対象はヒトの細胞でありますからin vivoの基礎研究でした。

ホップ・ポリフェノールがピロリ菌の毒素を弱めるという仮説ですが、実験としてはピロリ菌の毒素にホップ・ポリフェノールを添加し培養しています。対照群は添加しない場合としています。したがって、対象は人間ではありませんが比較試験です。このヒトの細胞とやらは、何個のサンプルで実験したかはわかりません。もしかすると1回だけかもしれないし、10回も繰り返したかもしれません。これは基礎実験ですから、何回実験しても結果の変動は大きくないかもしれませんが、1回だけでは信用できないかもしれませんね。

エンドポイントは何でしょうか。細胞を使っていますが、添加する前に比べて添加後に細胞損傷が減ったということですから、細胞損傷数でしょうか。添加前には損傷はないと仮定し、ホップ・ポリフェノールを添加したときの損傷数と何も添加しなかったときの損傷数を比較したところ、前者は後者の10分の1以下だということです。つまり、相対リスクは0.1以下ということですから、これはものすごい効果です。

最後に、このメカニズムはわかりましたか。ピロリ菌の毒素とホップ・ポリフェノールが結合することで、毒素が胃壁に付着できなくなるようです。毒素をブロックする作用があるということですね。

# 胃かいよう予防効果？

## ビール原料ホップ

ビール原料のホップから抽出した「ホップ・ポリフェノール」が、胃かいよう発症に関与し胃がんとの関係も指摘されるピロリ菌の毒素を弱めることが、千葉大大学院医学研究院とアサヒビール（本社・東京）の共同研究で明らかになった。研究成果は4月4日から都内で開かれる「日本細菌学会総会」で発表される。

ピロリ菌は、毒素が胃壁に付着することで急性胃炎や胃かいようを引き起こす。日本では約6000万人が保菌者とされる。抗生物質による除菌治療が主流だが、抗生物質が効かない耐性菌の発生が問題となっていた。

研究グループは、ヒトの細胞を使った実験で、ピロリ菌の毒素にホップ・ポリフェノールを添加して培養すると、添加しなかった場合に比べ細胞の損傷が10分の1以下に抑えられることを確認した。

研究グループの野田公俊教授（病原分子制御学）は「ピロリ菌の毒素とホップ・ポリフェノールが結合し、毒素が胃壁に付着できなくなる」と説明＝イラスト＝。菌そのものには作用せず、耐性菌を生む恐れはないという。

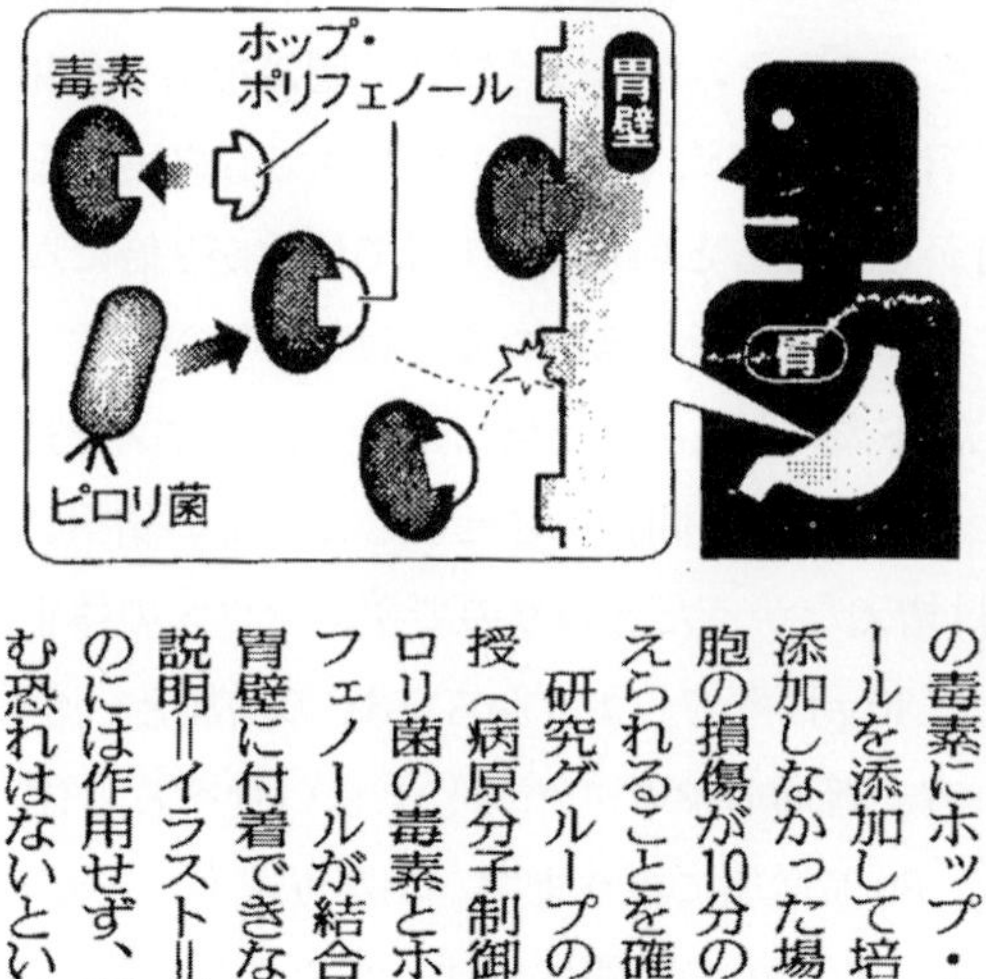

# 12 肥満防ぐたんぱく質

読売新聞2005年3月21日

例によってソースですが、慶応大学と山之内製薬（現・アステラス製薬）との共同研究で、「ネイチャー・メディシン」に掲載です。これは基礎医学ではトップクラスの雑誌です。新しいたんぱく質「AGF」を発見したからでしょうね。

やせ薬開発も、とあることから、肥満の人たちへ朗報とも取られがちですが、この研究は臨床試験ではありません。動物実験、つまりマウス実験と書かれています。

それではどのような実験なのでしょうか。遺伝子操作でAGFを失わせたマウスを作ったところ、普通のマウスの2倍という肥満マウスに変化したのです。そこで、そのたんぱく質には肥満を防ぐ作用があるとわかりました。2倍にもなれば、これは1匹だけでも真実だとわかるかもしれません。何かしたからといって、1日で体重が2倍になるなんて想定外だからです。これは何匹も試さなくて良いと思います。

今度は逆に、AGFたんぱく質を2倍に増やしたマウスを遺伝子操作で作り、高カロリー食を3か月間食べさせました。その結果、そのマウスは8gしか体重は増えなかったというのです。マウスの体重はそこにも書いてあるように30g程度でしょうから、8gの増加というのは30％近い増加です。一方、普通のマウスが同じくらい食べると体重は24g増えたのですから、80％増加になります。かなり違うことがわかります。マウスだとわかりにくいので人間に外挿してみましょう。50kgの人が多食して80％増の90kgになり、特殊の操作を事前にしておくと65kgまでしか増えなかったというのです。90kgまで太るのはびっくりですが、50kgから65kgならありえますね。

これは対照群を設けていますので比較実験です。でも、もしかすると1匹ずつかもしれません。明らかな差ですので、そんなに多数例行う必要はないでしょう。統計学的な有意差は1例ずつでは当然得られませんが、絶対値自身を見てください。40 kg体重増と15 kg増というのは大きすぎる差です。いつも統計学的有意差を求めるのではなく、そのような観点も身につけておく必要があると思います。

# 肥満防ぐたんぱく質

■産学チーム発見

## 糖尿病改善　やせ薬開発も

肥満の予防に役立つたんぱく質を、慶応大と山之内製薬の研究グループがマウス実験で突き止めた。このたんぱく質は人間にもあり、やせ薬の開発につながると期待される。この成果は21日付の米科学誌ネイチャー・メディシン（電子版）に発表される。

慶応大医学部の尾池雄一講師らと山之内製薬分子医学研究所は2003年に、肝臓から分泌され、血管や皮膚の再生機能を持つ新しいたんぱく質を発見、AGFと名づけた。

その仕組み解明のため、遺伝子操作でAGFを失わせたマウスを作ったところ、普通のマウス（平均30㌘）（写真右、慶応大提供）の2倍近い、約50㌘の肥満マウス（同左）になった。基礎代謝が低下し、内臓脂肪や皮下脂肪が多く、糖尿病の症状も現れた。逆に、AGFの量を約2倍に増やしたマウスを遺伝子操作で作り、高カロリーのエサを3か月間食べさせたが、約8㌘しか太らず、糖尿病にもならなかった。同じエサを食べた普通のマウスは、約24㌘も体重が増え、糖尿病を発症した。普通のマウスを1年間太らせた後で、AGFの分泌量を増やしたところ、肥満や糖尿病が改善されることが確認できた。

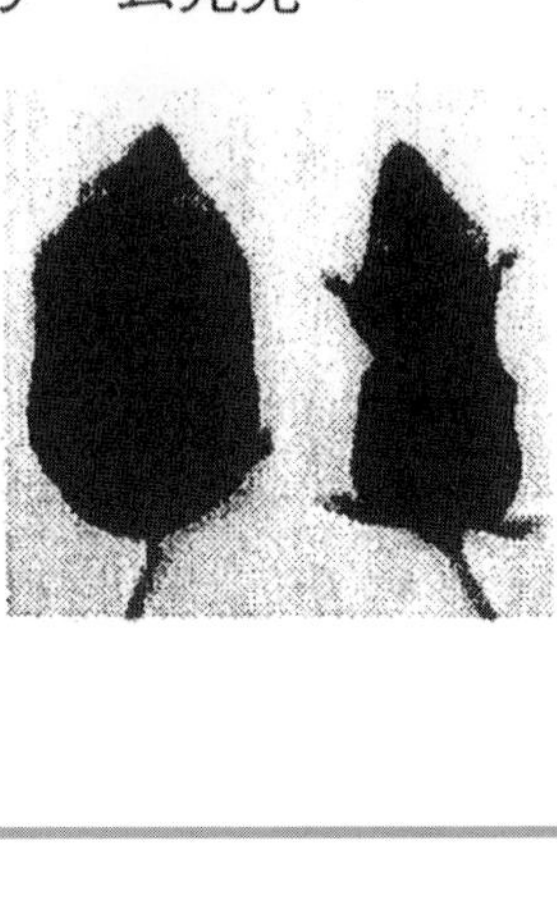

# 13 過剰ダイエット妊婦の子供は太りやすい

読売新聞2005年6月12日

まず、この記事は人間が対象ではないことに注意しましょう。マウスを使った実験と書いてありますのでわかりますね。ソースは「セル・メタボリズム」という外国の専門誌ですから、信用できるでしょう。

研究デザインはどうでしょうか。これはマウスが対象といえども、比較実験をしています。ダイエットマウスが産んだ子と、普通のマウスが産んだ子を比較しています。生後8週目から高脂肪食を与えたところ、ダイエット群のほうで体重は急増したというのです。普通群よりも3割肥満度が増え、コレステロールも1.5倍増えました。

しかし、ここでベースラインが同じだったかを考えてみましょう。ダイエットマウスのほうが、17％体重が少なく生まれたと書いてあります。そうであれば、ベースラインの体重が少なかったから増加の割合が高かったのではないかという疑問がわきます。大雑把に概算しますと、20％減で生まれて30％増えたということは、$0.8 \times 1.3 = 1.024$ですから、体重自体で比較すればどちらも同じということではないでしょうか。すなわち、少なく生んでも後で増えるので、それほど妊娠中にダイエットする必要はないと解釈したほうが良いかもしれません。

# 過剰ダイエット妊婦の子

# 太りやすい!?

## 京大教授らマウス実験

妊娠中の母親の栄養不足が、子どもの肥満を引き起こしやすくすることが、京都大学病院産婦人科の藤井信吾教授らのマウスを使った実験で判明、米医学誌「セル・メタボリズム」最新号に発表された。人間の場合も、体重の軽い新生児が成長すると肥満しやすいことが疫学調査などで指摘されており、妊婦の過剰なダイエットに警鐘を鳴らす結果といえそうだ。

研究グループは、摂食を30％制限した〝ダイエット〟マウスが産んだ子と、ふつうのマウスの子を比較。生後8週目から高脂肪食を与えたところ、標準より17％少ない体重で生まれたダイエットマウスの子は体重が急増し、ふつうのマウスの子より肥満度が3割、血中コレステロール値も約1・5倍高くなった。

ダイエットマウスの子は、食欲やエネルギー消費をつかさどる「レプチン」というホルモンの分泌量が、通常よりも早い時期に増えていることも分かった。研究グループは「分泌時期のずれが、肥満につながっているのではないか」と推測している。

# 14 運動で脳も体力向上

読売新聞2005年8月19日

東北大学とフィンランドのトゥルク大学の共同研究で、英国生理学会誌に載るようです。これも基礎医学の実験かもしれませんが、少し先を見ると健康男性とありますから臨床研究だとわかります。たぶん、人間を対象に生理現象を調べたのでしょうね。

研究デザインについて見ましょう。健康な男性14人を対象にしています。1時間自転車をこいでもらい、その後、脳内の糖消費量をPET（陽電子放射断層撮影）で見ています。エンドポイントは糖消費量です。介入はどうでしょうか。自転車こぎという運動ですが、その程度で3群に分けています。14人を3群に分けたのか、それとも14人すべてが3種類の自転車こぎをしたのでしょうか。記事を読みますと、3種類のこぎ方を別々の日に実験したと書いてありますので、後者が正しいでしょう。

結果はどうでしょうか。糖消費は激しい運動ほど少なく、激しい運動は軽い運動に比べて32％低かったとあります。32％というのは相当の効果ですが、14人で有意な結果を得たでしょうか。それについてはわかりません。糖消費量の測定誤差がどのくらいあるのか、また個人差がどの程度あるかという情報がないとわかりませんね。

# 運動で脳も〝体力〟向上

## 乳酸代用 糖を節約

東北大など研究

激しい運動をすると、脳内の糖消費が増加すると考えられていたが、実は逆に減少することが、東北大学とトゥルク大（フィンランド）の研究でわかった。体温や呼吸など様々な機能を維持するために脳の働きは活発になるが、糖に代わり、乳酸をエネルギー源として活用するらしい。研究者らは「運動をすると、脳が糖の節約方法を覚え、長時間働き続ける〝持久力〟が増すのではないか」と推測、英生理学誌8月号に発表する。

東北大高等教育開発推進センターの藤本敏彦講師らが、健康な男性14人に約1時間、自転車をこいでもらい、終了後、陽電子放射断層撮影（PET）装置で脳内の糖の消費量を測定した。①軽い②中程度③激しい――の3種類のこぎ方を、別々の日に実験した。

その結果、糖の消費量は運動が激しいほど少なく、「激しい」時は「軽い」時より32％も低かった。また、運動習慣のある7人の糖消費量は、習慣のない7人の約半分に過ぎなかった。

脳内の血糖が不足すると、思考能力が鈍り、体温調節など身体機能の低下にもつながる。別の研究で最近、乳酸も脳のエネルギー源となることが分かっており、藤本講師は「運動は、糖の節約と乳酸の利用によって、筋肉だけでなく脳の持久力も鍛えている」と話している。

# 15 お年寄り歩くより自転車こぎで転倒予防

読売新聞2005年9月25日

東北大学の研究で、日本体力医学会で発表のようです。14（136p）と同じく自転車こぎですから、同じグループによる研究でしょうか。お年寄りでも大腿・腰の筋肉を鍛錬すると、転倒予防できるようです。

実験デザインは、どのようなものでしょうか。20代の学生5～7人を対象にしています。お年寄りというのに、なぜ20代の学生なのでしょうか。もちろん、お年寄りで実施しても良いのですが、危険性を考えてのことでしょう。また、この仮説ならどのような人たちでも立証できるからでしょう。

エンドポイントは先ほどの研究と同じですね。介入もよく似ています。対象も先ほどは14人ですが、こちらでは5～7人と少ないです。5～7人と幅があるのはよくわからないかもしれません。

30分から1時間さまざまなトレーニングをしてもらい、PETで糖取り込みを見ました。この研究のポイントは、PETという最新機器を使って糖取り込みを見たところでしょう。糖の取り込みが多いということは、筋肉が鍛えられている証拠と考えられます。14と違うのは、自転車こぎだけでなく、ウォーキングやジョギングも介入している点です。しかも、腰部や大腿部など部位ごとに測定しています。結果として自転車こぎが一番良いようですね。

# 歩くより自転車こぎ効く

お年寄りが寝たきりになる大きな原因が転倒による骨折だ。大腿《だいたい》部や腰周辺の筋肉の鍛錬が転倒予防につながると言われているが、それにはウオーキングよりも自転車こぎの方が有効なことが東北大の研究でわかった。岡山県倉敷市で開会中の日本体力医学会で発表された。

## お年寄り転倒予防

年を重ねると、ひざを高く持ち上げる腸腰《ちょうよう》筋や小臀《しょうでん》筋と呼ばれる筋肉が衰え、転倒しやすくなる。同大の伊藤正敏教授、藤本敏彦講師らは、これらの筋肉を鍛えるには、どんなトレーニングが効果的かを調べた。

### ＊東北大が研究

筋肉は疲労回復のために、盛んに糖分を摂取する特性がある。研究チームは20代の学生5～7人に、30分～1時間の様々なトレーニングをしてもらい、身体の糖の取り込み分布を画像化できる陽電子放射断層撮影（PET）装置で分析した。

その結果、階段上りでは、ひざ上げに最も重要な腸腰筋、次いで重要な小臀筋が使われた様子が確認されたが、ウオーキングやジョギングでは、腸腰筋の活発な動きは見られなかった。

腸腰筋の活動が盛んだったのは自転車こぎで、ペダルを踏み込む際は、大腿部に力がかかるものの、もう一方の脚は、股《こ》関節を曲げてひざを上げるため、腸腰筋を使っていると考えられる。

藤本講師は「自転車こぎで鍛えられる筋肉は、お年寄りでも同じ。階段上りは疲労感が残るうえ、無理すると心臓や肺に負担をかけ逆効果」と話している。

自転車こぎで鍛えられる部分

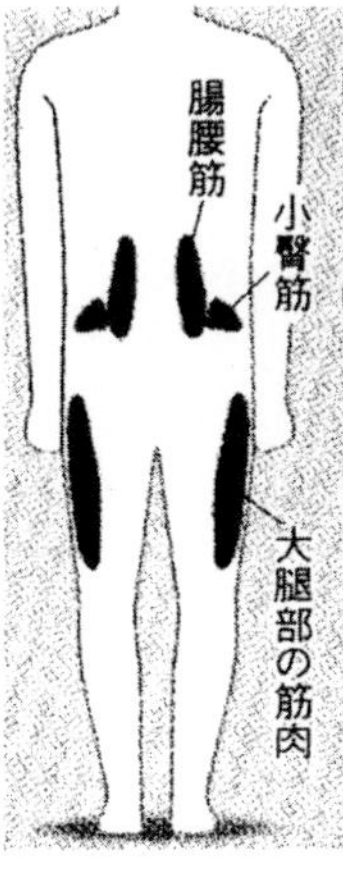

# 16 すい臓のたんぱく質がインスリン分泌を抑制

読売新聞2005年10月12日

群馬大学と理化学研究所の共同研究のようです。「ジャーナル・オブ・セル・バイオロジー」という専門誌に発表されたようです。

すい臓のβ（ベータ）細胞内にあるたんぱく質「グラニュフィリン」が、インスリン分泌量を抑制したというのです。対象については書かれていませんが、人間でないことは確かでしょう。たぶん、マウス実験ではないでしょうか。このたんぱく質をなくすとインスリンが分泌されることを立証したのか、たんぱく質を投与することでインスリンの分泌が止まったことを立証したのか、その実験の詳細はわかりません。

将来的には、このたんぱく質の生成を阻害するような新薬を開発し、その薬を投与することでインスリン分泌を増やすかどうかを、臨床試験で確かめる必要があるかもしれません。

# すい臓のたんぱく質 インスリン分泌抑制

## 群馬大など解明 糖尿病新治療法に道

群馬大生体調節研究所（小島至所長）は11日、独立行政法人理化学研究所（野依良治理事長）と協力し、すい臓のβ細胞内にあるたんぱく質「グラニュフィリン」が、糖尿病の原因となるインスリン分泌量を抑制していることを突き止めたと発表した。今後、さらに仕組みの解明を進め、グラニュフィリンに着目した糖尿病の新たな治療法につなげたいとしている。

同大研究所の泉哲郎教授らによると、同大研究所は1999年、インスリン分泌にかかわっている可能性のある物質としてグラニュフィリンを発見。マウス実験で、グラニュフィリンがないとインスリンの分泌量が多くなることを確認したという。

今回の研究は、米国の学術誌「ジャーナル・オブ・セル・バイオロジー」の10月10日号に掲載された。

糖尿病はインスリン不足などから、血糖値が高くなり様々な合併症を伴う。

# 17 「抗菌」せっけんの効果は普通

読売新聞2005年10月22日

米国の食品医薬品局（FDA）が、抗菌せっけんの効果を否定したというニュースです。抗菌まな板とか除菌製品が日本でも多いですが、果たして効くのでしょうか。

ここでのエンドポイントは何でしょうか。書かれていませんが、菌の同定というのは考えにくいかもしれません。先に菌を培養して抗菌せっけんで消えるかを見る臨床試験も考えられますが、菌を培養し人間の手につけるというのは、少し気持ちが悪いかもしれません。人間を対象にするなら、感染症の症状、すなわち咳だとか鼻水だとかをエンドポイントにするほうが良いでしょう。

抗菌せっけんと普通のせっけんを比較しているようで、普通のせっけんを上回る予防効果はないと書かれているからです。たぶん、抗菌せっけんを使う群と普通のせっけんを使う群に分けて、比較試験していたものと思われます。群といっても、この場合、個人ではなく、世帯が割付の単位となっています。なぜなら、同じ世帯の中で抗菌せっけんを使う人と使わない人に分けるというのは実際的でないからです。インフルエンザの予防試験などでも、このような世帯単位で割付をします。

除菌というラベルを見ると良いかなと思いますが、その効果は十分立証されているかどうかはわかりません。「ブリティッシュ・メディカル・ジャーナル」でも同じような論文が出ておりましたが、同じく有意差なしでした。世の中に除菌製品を数多く見かけると思います。この機会にきちんと立証済みかを調べてみてはいかがですか。でも、値段が普通の製品とたいして変わらなければ、除菌製品を買うでしょうね。それはそれで良いと思いますが、効果がなかったら少しでも安いほうが良くありませんか。

# 「抗菌」せっけん

# 効果は「普通」

米食品医薬品局

【ワシントン＝笹沢教一】米食品医薬品局（FDA）の諮問委員会は20日、「抗菌」をうたうせっけんや洗浄剤などの商品に、普通のせっけんを上回る感染症予防効果はないとする見解をまとめた。抗菌商品を販売する企業に対し、普通のせっけん以上の効き目があるとした根拠を示すよう求めている。

委員会によると、細菌などが起こす感染症は、通常のせっけんと水による手洗いでかなり予防できるが、抗菌商品にそれを凌駕《りょうが》する特別な効果があるとは確認できなかったという。

また、細菌の活動を抑える目的で抗菌商品に含まれる「トリクロサン」などの化学物質について、「耐性を持つ細菌を生み出す恐れがある」と警告、安易な利用を戒めている。

抗菌商品は日本でも人気があり、トリクロサンも「殺菌成分」として多くの商品に含まれている。

# 18 攻撃性抑えるホルモン

読売新聞2005年10月25日

東北大学を中心とする日米共同チームの実験です。「米科学アカデミー紀要」というのは、一流の科学雑誌です。この研究では、「オキシトシン」というホルモンを調べています。このホルモンを抑制すると、異常行動を起こすという仮説なのです。

実験としては、まず雄のマウス8匹の遺伝子を操作し、オキシトシンの受容体を破壊しています。つまり、オキシトシンが働かなくなっています。それと同時に、正常な雄のマウスも10匹実験しています。かごの中に入れて攻撃回数を数えています。正常のマウスに比べて遺伝子操作マウスでは、最大で8倍も攻撃回数が多かったと書いています。たぶん、オキシトシン抑制マウス8匹に関して、8個の攻撃回数データがあると思います。正常マウスでも10個の攻撃回数データがあると思います。正常マウスでの最小攻撃回数が、異常マウスでの最大攻撃回数の8倍ということでしょうか。平均では何倍だったかも知りたいところですね。それを見ればどのくらい攻撃性を抑制したかを推測できるし、統計学的有意性もほぼ推測できます。

# 攻撃性抑えるホルモン

## 共同生活に欠かせない!?

### 東北大など発見

出産にかかわるホルモンの一種「オキシトシン」の働きを抑制すると、マウスの行動に様々な異常が起き、雄は攻撃性が高まることが、東北大を中心とする日米共同チームの実験で明らかになった。研究者らは、近く発行される米科学アカデミー紀要の電子版に発表、「遺伝子操作などでオキシトシンの働きを強めれば、ライオンのような猛獣でも性格を変えて、ペット動物に改良できるかも」と話している。

西森克彦・農学研究科教授らが、雄マウス8匹の遺伝子を操作して、体内でオキシトシンを受け止める役割のたんぱく質（受容体）を破壊。各マウスのかごに別のマウスを入れたところ、その相手を攻撃する回数が、正常な雄10匹に比べて最大で8倍も多かった。

同じ遺伝子操作によって、雌は子マウスを巣に連れ帰るのを忘れたり、生後間もないマウスは母親を求める鳴き声の回数が少なくなったりと、行動に異常が見られた。研究チームは「オキシトシンは、哺乳《ほにゅう》動物が相互関係を築くのに重要な役割を果たしている」と分析している。

# 19 ブロッコリーで胃がん予防

読売新聞2005年11月1日

このソースは何でしょうか。筑波大学の研究ですね。米国がん学会主催の国際会議で発表と書かれています。国際会議ですが、まだ論文にはなっていないようです。

この研究は実験研究であり、しかも人間を対象にしています。ピロリ菌に感染している50人を2グループに分けていますから、比較試験です。もしランダムに分けていれば、ランダム化比較試験になります。人数は50人なので少な過ぎるかもしれません。臨床試験で大きいものでは1万例を超えるものから、このように100人を下回る小規模のものまであります。大きいほど良いわけではありませんが、大きいほど結果の精度は上がることを覚えておきましょう。また、大きいほど統計学的有意差がつきやすいことも覚えておきましょう。さらに、エンドポイントによって必要症例数は変わります。薬のもつ薬理作用そのものだと少数例で証明できますが、もっと皆さんが心配するようなもの（たとえば胃がん発症）では多数例を必要とします。なぜかと言いますと、胃がん発症には薬以外の多くの要因が影響していますが、薬理作用そのものでは薬以外のものがあまり影響しないからです。他の要因が打ち消されれば偶然誤差が減りますから、少数例で証明できるわけです。今回のエンドポイントはピロリ菌への活性と書かれていますので、少数例で十分なのかもしれません。

実験群はブロッコリーの新芽を2か月間、毎日70g食べるという群でした。これはどのくらいの量でしょうか。普通のブロッコリーではダメなのでしょうか。このあたりも考えておくと、もし自分で実践してみたいときに参考になるでしょう。

このメカニズムについてはわかりましたか。ブロッコリーでピロリ菌の活性が30〜60％減少したという説明です。ブロッコリーにはスルフォラファンという成分が入っており、それには抗酸化物質が多く含まれていることが基礎実験でわかっています。この作用により胃酸分泌が減り、それによりピロリ菌が減り、胃がんが減るのでしょうかね。

## ブロッコリーで胃がん予防

### 筑波大 新芽にピロリ菌殺傷効果

ブロッコリーの新芽に、胃がんの原因と注目されるヘリコバクター・ピロリ菌を殺傷し、胃炎を抑える効果があることを、筑波大の研究グループが突き止めた。米国で開催中の米がん学会主催の国際会議で2日発表する。

同大の谷中昭典講師（消化器内科）らは、ピロリ菌に感染している50人を二つのグループに分け、一方にはブロッコリーの新芽を、残り一方には、アルファルファのもやしを、それぞれ毎日約70㌘ずつ、2か月間、食べ続けてもらった。成分で見ると新芽、もやしは、ほぼ同じだが、ブロッコリーの新芽には、スルフォラファンという成分（抗酸化物質）が多く含まれる。

実験前後で、ピロリ菌の活性の強さを比較したところ、新芽を食べたグループは、活性が約30%～60%減少。さらに、胃炎も抑えられた。もやしを食べたグループは、こうした変化は見られなかった。マウスでは確認されていたが、人間で確認されたのは初めて。

谷中講師は「スルフォラファンは、特にブロッコリーの新芽に大量に含まれる。ピロリ菌を除菌しなくても、胃炎を抑え、胃がんを予防できる可能性がある」と話している。

# 20 アトピーのかゆみ軽減下着

読売新聞 2006年5月28日

この研究は、大阪のメーカーが行ったものですが、ソースについては書かれていません。科学技術振興機構の委託研究なので、その報告書なのかもしれません。

研究デザインについて見ましょう。アトピー性皮膚炎の患者100人にこの下着をある期間着用してもらったようです。100人全員にこの下着を着用してもらっていますから、これは比較試験ではありません。100人に試してもらったところ、8割以上で効果があったとあります。有効率80％以上ですから、80人以上に効果が見られたのでしょう。

この臨床試験のエンドポイントは何でしょうか。「かゆみ」ですね。かゆみというのは自覚症状ですから、本人にしかわかりません。余談ですが、症状は他人にわからないものであり、英語ではsymptom（シンプトム）と言います。一方、他人がわかるものは所見、英語ではsign（サイン）と言います。もしかすると、「新製品の下着なので感触良いかも」と言われて着用していたとすれば、そのことが結果にバイアスを及ぼした（結果を良くした）可能性も否めません。また、かゆみの程度をどのように測ったのでしょうか。ひっかき傷なども調べたと書かれていますが、こうした有効性の効果判定は難しいでしょう。

最後に、メカニズムは明らかになっていますか。2段目の最後から3段目あたりに、かゆみを悪化させるたんぱく質を壊す鉄フタロシアニンを下着の繊維に染色したため、それが皮膚から吸収され、たんぱく質を分解させたのではないかと想像されます。

# アトピーかゆみ“軽減”下着

## 大阪のメーカー開発

アトピー性皮膚炎のかゆみを鎮静化する繊維をダイワボウノイ（本社・大阪市）が開発した。約100人にこの繊維で織った下着＝写真、ダイワボウノイ提供＝を着用してもらう臨床試験を実施したところ、8割以上の人に効果があった。

アトピー性皮膚炎では、かゆみに耐えられず皮膚をかくと、出血や細菌感染で皮膚の状態が悪化し、かゆみが増す悪循環が起きる。同社は、信州大学などの研究成果をもとに、かゆみを悪化させるたんぱく質を壊す有機化合物「鉄フタロシアニン」で繊維を染色した。繊維に付着したダニアレルゲンやハウスダストなどを分解することが確かめられたという。

臨床試験では、患者に下着を夜間着用してもらい、かゆみの程度を尋ねたほか、医師がひっかき傷などを調べ、効果を判定した。着用していない場合は「かかないと眠れない」という患者も、着用すると「かかなくても眠れる」程度に改善することが分かった。

この繊維は独立行政法人・科学技術振興機構の委託で開発した。開発費総額は2億3500万円。現在、医療機器としての製造承認を申請中。

**どう読む？ 新聞の統計数字**
2006年10月16日 初版第1刷発行
2013年 9月20日 初版第2刷発行

---

著 者：折笠秀樹・奈緒美

発行所：ライフサイエンス出版株式会社
〒103-0024 東京都中央区日本橋小舟町8-1
TEL 03-3664-7900 / FAX 03-3664-7734
http://www.lifescience.co.jp/

印 刷：大村印刷株式会社

---

乱丁，落丁本はお取り替えいたします。
ISBN978-4-89775-226-6 C0040